Farhood Golmohammadi

Turismo e residências secundárias nas regiões rurais do Irão: situações, problemas

Farhood Golmohammadi

Turismo e residências secundárias nas regiões rurais do Irão: situações, problemas

Com uma perspetiva do conhecimento indígena
(IK) sobre arquitetura vernacular e conforto
climático nas tradições iranianas

ScienciaScripts

Imprint
Any brand names and product names mentioned in this book are subject to trademark, brand or patent protection and are trademarks or registered trademarks of their respective holders. The use of brand names, product names, common names, trade names, product descriptions etc. even without a particular marking in this work is in no way to be construed to mean that such names may be regarded as unrestricted in respect of trademark and brand protection legislation and could thus be used by anyone.

Cover image: www.ingimage.com

This book is a translation from the original published under ISBN 978-3-659-31832-0.

Publisher:
Sciencia Scripts
is a trademark of
Dodo Books Indian Ocean Ltd. and OmniScriptum S.R.L publishing group

120 High Road, East Finchley, London, N2 9ED, United Kingdom
Str. Armeneasca 28/1, office 1, Chisinau MD-2012, Republic of Moldova, Europe
Printed at: see last page
ISBN: 978-620-7-63216-9

Resumo

O turismo rural pode utilizar plenamente os recursos turísticos nas zonas rurais para ajustar e otimizar as estruturas industriais rurais, alargar a cadeia industrial agrícola, desenvolver serviços de turismo rural, promover o emprego não agrícola, aumentar os rendimentos dos agricultores e criar uma melhor base económica para a nova construção rural. Há quem considere que o desenvolvimento da segunda habitação é o resultado de mudanças fundamentais nas sociedades industriais que conduziram a rendimentos mais elevados, menos horas de trabalho e tempos de lazer mais longos. Reconhece-se que o crescimento da indústria do turismo é fundamental para o desenvolvimento sustentável da economia iraniana. Isto é particularmente verdade nas zonas rurais onde as oportunidades de emprego estão a diminuir e os níveis de emprego tradicionais na agricultura estão em declínio. A Comissão está a trabalhar no sentido de garantir que a maior parte dos empreendimentos turísticos, com as respectivas instalações de alojamento, se localizem dentro ou perto de cidades ou aldeias ou em terrenos com zonas turísticas. Há muito que as zonas rurais são vistas e utilizadas como locais adequados para actividades recreativas e turísticas. No entanto, a reestruturação das zonas rurais e a perda de população de muitas zonas significou que o turismo também assumiu uma maior importância económica e de emprego em muitas regiões rurais e periféricas. Juntamente com outros processos económicos, o crescimento do agro-negócio e os processos sociais, por exemplo, a urbanização, isto contribuiu para mudanças substanciais na paisagem rural. As segundas residências são uma componente integral, embora muitas vezes negligenciada, da mobilidade turística nacional e internacional. Em muitas áreas do mundo, as segundas residências, também designadas por casas de férias, casas de campo, casas de veraneio, casas de recreio, berços e casas de fim de semana, são o destino de uma proporção substancial de viajantes nacionais e internacionais, enquanto o número de noites de cama disponíveis numa segunda residência muitas vezes rivaliza ou até excede o disponível no sector do alojamento formal. Este livro vai conhecer os factores influentes e os seus efeitos no desenvolvimento da habitação rural e do turismo numa área selecionada que foi utilizada como estudo de caso nos principais locais de realização desta investigação, nomeadamente a província de Khorasan do Sul, no leste do Irão e junto às fronteiras do Afeganistão, e a província de Chaharmahal e Bakhtiari, no sudoeste do Irão. Para o efeito, foram identificados os factores eficazes no processo de desenvolvimento da habitação rural, utilizando os recursos existentes, tais como teorias, experiências internas e experiências de outros países. A ênfase é colocada nos países que, neste domínio, têm condições semelhantes às do Irão. A escolha das amostras das aldeias foi efectuada segundo um método intencional (não probabilístico). Os factores finais analisados nas áreas de estudo e os componentes de medição de cada fator foram introduzidos. Na sua investigação, o autor concluiu que existe um enorme potencial para alargar o turismo rural e as segundas residências, a fim de aceder ao desenvolvimento sustentável, aumentar o bem-estar e criar oportunidades de emprego nestas regiões rurais turísticas do Irão.

Key words: Turismo, segundas casas, rural, efeitos, desenvolvimento, sustentável, Irão.

CAPÍTULO 1

Introdução

Originário da Europa em meados do século XIX, o turismo rural é uma nova forma de turismo, que toma os objectos da natureza e das humanidades com a ruralidade como atracções turísticas, depende da bela paisagem, do ambiente natural, das arquitecturas, da cultura e de outros recursos nas zonas rurais, e expande e desenvolve projectos como encontros, férias e actividades de lazer com base nas tradicionais viagens de lazer rural e passeios de experiência (Zhang, 2012).

O turismo rural pode utilizar plenamente os recursos turísticos nas zonas rurais para ajustar e otimizar as estruturas industriais rurais, alargar a cadeia industrial agrícola, desenvolver serviços de turismo rural, promover o emprego não agrícola, aumentar os rendimentos dos agricultores e criar uma melhor base económica para a nova construção rural (Zhang, 2012).

O agroturismo é uma atividade alternativa no processo de desenvolvimento rural, que combina agricultura e turismo, melhora os recursos naturais, contribui social e economicamente para o espaço rural (AKPINAR, TALAYCOS, CEYLAN, & GUNDUZ, 2004).

Alguns consideram o desenvolvimento da segunda residência como resultado de mudanças fundamentais nas sociedades industriais que levaram a rendimentos mais elevados, menos horas de trabalho e tempos de lazer mais longos (Golmohammadi, 2013).

O turismo rural, em geral, e o turismo de segunda habitação, em particular, são formas de turismo em rápido crescimento em todo o mundo: "Sendo parte integrante das zonas rurais e da sua história, as segundas habitações são um exemplo comprovado do consumo pós-produtivo do espaço rural".
Afirma-se que "enquanto o campo tradicionalmente dependia da exportação de mercadorias pelas indústrias primárias (agricultura, pescas e indústrias extractivas) para os mercados urbanos, tem vindo a caraterizar-se cada vez mais pelo seu papel de produtor de serviços rurais, experiências e qualidade de vida". Entretanto, a expansão do urbanismo e o stress da vida urbana, para não falar da procura de um clima agradável e de ar puro, contribuíram para a expansão do fenómeno da segunda habitação em todo o mundo. Simultaneamente, o fenómeno da segunda habitação é visto como um projeto socioeconómico positivo nas zonas rurais. Além disso, a dependência das zonas rurais em relação aos recursos primários enfraqueceu devido à globalização e à reestruturação económica que se manifesta principalmente na transformação de uma economia extractiva em serviços. No contexto das ruralidades em mutação, enquanto o espaço rural tradicionalmente dependia da exportação de produtos de base pelas indústrias primárias (agricultura, pesca e indústrias extractivas) para os mercados urbanos, tem vindo a caraterizar-se cada vez mais pelo seu papel de produtor de serviços, experiências e qualidade de vida rurais. Já não é apenas um local de produção, mas também um produto por direito próprio; anunciado, transaccionado e consumido no âmbito das instituições de mercado.

O conceito de "segunda residência" expõe uma infinidade de noções que dificultam a sua definição. No entanto, o fenómeno do turismo de segunda residência está associado a numerosas conotações, incluindo "descanso e paz", "abrandar e relaxar", "afastar-se da rotina", "lar espiritual", "jardim de casa de campo", "romântico" e "vida simples perto da natureza".
As segundas residências também têm conotações espaciais, uma vez que são rotuladas de "suburbanização sazonal" e "espaços complementares", onde os habitantes urbanos estão a ocupar espaços que, de outra forma, permaneceriam subdesenvolvidos e naturais (Alipour, Olya, Hassanzadeh, & Rezapouraghdam, 2017).
... As residências secundárias são vistas como estando fora do sector do turismo convencional. Não são operações comerciais, os seus proprietários não são empresas de turismo, não se envolvem com associações de turismo ou autoridades de marketing de destinos e, aparentemente, não geram emprego ou outros efeitos económicos directos. Como tal, é fácil ignorá-los e ao seu impacto (Alipour, et al., 2017). (Ver figuras 1-9).

O desenvolvimento sustentável, que concetualmente pode ser dividido nas seguintes partes: ambiental, social e económica, é um padrão de utilização dos recursos que visa satisfazer as necessidades humanas, preservando simultaneamente o ambiente, de modo a que essas necessidades possam ser satisfeitas não só no presente, mas também para as gerações vindouras. Atualmente, o conceito de desenvolvimento sustentável é definido como um desenvolvimento que satisfaz as necessidades do presente sem comprometer a capacidade das gerações futuras de satisfazerem as suas. Tem sido discutido em termos de três questões: económica, ambiental e social, e foi desenvolvido por alguns académicos para incluir uma quarta dimensão, a cultura.

Figuras 1-9. Segundas habitações modernas e dispendiosas que foram construídas sobre e ao lado de uma colina natural em terrenos que pertenciam à organização de recursos naturais e bacias hidrográficas na aldeia de Alghour - 45 Kins, distância de Birj e da cidade, centro da província de Khorasan do Sul, a leste do Irão. E não destruiu e selou essas segundas casas ilegais por organizações de legislação local relacionadas e poder policial (por causa do pagamento de suas penalidades monetárias e outras obras por pessoas urbanas ricas e poderosas). (Fotos do autor - 9 de junho de 2013).

No entanto, o conceito de sustentabilidade não se limita apenas ao ambiente, e os designers sustentáveis devem também prestar atenção a vários factores sociais, como os antecedentes históricos, a cultura, as crenças religiosas e os costumes e hábitos das pessoas num local onde queiram viver. Assim, a sustentabilidade social, como outro aspeto da sustentabilidade, é a ideia de que as gerações futuras devem ter o mesmo ou maior acesso aos recursos sociais que a geração atual (Soflaei, Shokouhian, & Zhu, 2017).

O design sustentável é a ideologia de conceber o ambiente construído para cumprir os princípios da sustentabilidade ambiental, social e económica. Uma equivalência dinâmica entre a economia e a sociedade, destinada a gerar uma correlação a longo prazo entre o utilizador e o objeto e, eventualmente, a respeitar e a ter em conta as diversidades ambientais e sociais (Soflaei, et al., 2017).

A formação e o desenvolvimento de segundas residências, decorrentes do desenvolvimento do turismo, é um dos fenómenos importantes do século XX e do século atual. Uma grande parte das segundas residências é construída em zonas rurais. O turismo de habitação secundária surge como uma atividade de relações complexas entre os intervenientes em diferentes locais devido a várias outras actividades. Por conseguinte, as suas actividades criam os efeitos desejados, indesejados ou complexos sobre os aspectos ambientais, económicos e socioculturais das comunidades de acolhimento (Golmohammadi, 2013).

Quando uma zona se torna um destino turístico de segunda residência, isso afecta a vida dos residentes locais. A qualidade de vida dos residentes locais é melhorada pelo desenvolvimento de residências secundárias; por conseguinte, é mais provável que desenvolvam a atividade. Assim, o turismo de segunda residência cria a mudança de características económicas, sociais e ambientais que podem levar a uma melhoria da qualidade de vida. A qualidade de vida é um conceito que define a vida humana. É um reflexo de vários factores e características que é normalmente sinónimo de prosperidade, oportunidade, satisfação e prosperidade de vida, satisfação de exigências, poder de vida, capacitação, pobreza, pobreza humana, nível de vida e desenvolvimento. Quando a qualidade de vida foi introduzida, a sua medição foi considerada e foram realizados vários estudos e investigações neste domínio. Os indicadores de medição da qualidade de vida (a qualquer nível) podem ser classificados principalmente em duas categorias: indicadores objectivos e indicadores subjectivos (Golmohammadi, 2013).

1.1 Qualidade de vida

A qualidade de vida (QV) é um conceito complexo e multidimensional, relevante para as condições da comunidade numa região geográfica específica, e é tradicionalmente captada através de indicadores objectivos e subjectivos. Os indicadores de QV são normalmente utilizados para monitorizar e avaliar o desenvolvimento comunitário em relação aos aspetos sociais, sanitários, ambientais e económicos de uma comunidade (Golmohammadi, 2017).

A qualidade de vida, enquanto conceito multidimensional e aspeto importante da vida nas comunidades humanas, tem sido abordada em muitos domínios científicos, incluindo o turismo. A relação entre o turismo e a qualidade de vida das comunidades locais é geralmente considerada e o assunto é classificado em relação aos aspectos económicos, sociais, culturais e ambientais. As áreas são consideradas como um dos padrões do turismo cujo crescimento e desenvolvimento podem ter alterações profundas em muitos objectivos.
Assim, para medir a qualidade de vida, diferentes domínios têm sido apresentados pelos investigadores. Mas a revisão, compreensão e combinação destas áreas, com ênfase no objetivo do investigador, é importante. Assim, o papel do turismo de habitação secundária na qualidade de vida é clarificado através de dados ambientais, económicos e sociais que podem ser calculados pela comunidade de acolhimento e com base em abordagens objectivas e subjectivas. Neste livro, foi aplicada a abordagem objetiva.
A relação entre o turismo e as comunidades locais, a qualidade de vida é geralmente considerada e o assunto é classificado em relação aos aspectos económicos, sociais, culturais e ambientais. As áreas são consideradas como um dos padrões de turismo cujo crescimento e desenvolvimento podem ter mudanças profundas em muitos objectivos. O turismo como área de atividade principal pode melhorar a qualidade de vida dos residentes locais. O padrão de turismo de segunda residência em zonas rurais e parâmetros subjectivos e características dos aspectos macroeconómicos, sociais, culturais e ambientais das comunidades de destino. A qualidade de vida nas zonas rurais é afetada não só pelos factores, actividades e acontecimentos que existem nas zonas rurais, mas também por factores externos que afectam a aldeia e os seus habitantes. A análise deste tipo de turismo foi necessária e importante no processo de planeamento do desenvolvimento rural e do desenvolvimento do turismo rural. (Golmohammadi, 2013).

1.2 Classificação geográfica e climática no Irão

O Irão tem uma área de 1.648.195 km2 e situa-se entre as latitudes 24° e 40° N e as longitudes 44° e 64° E. Existem várias regiões e sub-regiões geográficas com características climáticas específicas no Irão. O Irão tem quatro tipos de condições climáticas, nomeadamente, climas moderados e húmidos, frios, quentes e secos e quentes e húmidos em várias regiões do país. Consequentemente, existe uma diversidade de arquitetura vernacular que pode ser encontrada em diferentes partes do país.

Foram identificadas quatro zonas climáticas no Irão, com base na classificação climática de Kbppen, incluindo o clima quente-húmido (A), o clima quente-árido (B), o clima suave-húmido (C) e o clima frio (D). Este estudo concentra-se no clima quente-árido (B) do Irão, que cobre quase dois terços do país e quase não recebe chuva durante pelo menos 6 meses por ano, sendo, portanto, extremamente seco e quente.

Posteriormente, o clima quente-árido é também subdividido em dois tipos, nomeadamente, clima desértico (BW) e clima de estepe (BS), e BW e BS são ainda subdivididos em quatro mesoclimas, nomeadamente, BWhs, BWks, BShs e BSks.
O conforto térmico humano pode ser definido principalmente pela temperatura de bolbo seco e pela humidade, embora diferentes fontes tenham definições ligeiramente diferentes.

1.3 O conceito iraniano de casa

O conceito iraniano de casa vai muito para além dos aspectos físicos, e a sua essência está interligada com a natureza espiritual da humanidade. Este conceito ganhou novos significados com a modernização e a industrialização das sociedades. Na arquitetura iraniana, todas as necessidades são realizadas em sistemas sócio-físicos, bem como em questões de design. Por conseguinte, as relações espaciais são fundamentais para a arquitetura, especialmente para a arquitetura residencial, que aborda uma grande parte da vida quotidiana de um indivíduo. A sintaxe espacial procura explicar como as configurações espaciais expressam significados sociais ou culturais. Um desses significados é a confidencialidade, que foi introduzida na arquitetura iraniana principalmente como resultado de crenças religiosas. Na arquitetura iraniana, a confidencialidade é vista sob o aspeto da privacidade (Alitajer & Nojoumi, 2016).

Qualquer estrutura arquitetónica tem no seu seio vários espaços onde o ser humano passa a sua vida. Estes espaços são concebidos de acordo com uma série de factores, como a cultura, a religião, a economia e a política, e transformam-se ao longo do tempo. A importância da casa como território privado ultrapassa o seu uso como mero abrigo e está profundamente enraizada nos aspectos psicológicos e espirituais da espécie humana. As relações espaciais, os eventos sociais e a sua inter-relação são questões que, se cuidadosamente exploradas, podem ajudar a alcançar concepções, planos e conhecimentos realistas para melhorar a qualidade da construção residencial (Alitajer & Nojoumi, 2016).

O Irão não ficou imune à expansão do turismo de segunda residência, especialmente nas suas regiões turísticas, onde a paisagem, o clima e a facilidade de acesso (através de companhias aéreas) à capital reforçaram este fenómeno. De facto, a região tornou-se uma "zona de pressão" das regiões rurais na esfera de influência das grandes áreas urbanas. Este processo migratório temporário para estas regiões turísticas, que culminou no crescimento do turismo de segunda habitação, é atribuído às comodidades naturais e à acessibilidade proporcionada pelas infra-estruturas de transporte (Alipour, et al., 2017).

Para efeitos da investigação, a segunda habitação é definida como uma habitação utilizada para visitas temporárias pelo proprietário ou por outra pessoa, e não é o local de residência permanente do utilizador. No entanto, as residências secundárias são hoje em dia parte integrante das actividades de lazer contemporâneas (Alipour, et al., 2017).

1.4 Mudanças, reestruturação e turismo nas zonas rurais face ao novo ambiente global

As mudanças nas zonas rurais resultam de, pelo menos, três tipos de reestruturação, a saber: o colapso das zonas periféricas incapazes de mudar para uma economia mais intensiva em capital; o processo seletivo e reducionista de agro-industrialização com a perda de muitas explorações familiares; e as pressões do desenvolvimento urbano e pré-urbano. A reestruturação criou um sistema rural fragmentado e reduzido em alguns locais, que parece carecer da maioria dos critérios de sustentabilidade, quer em termos económicos quer comunitários. No entanto, mesmo com a intervenção maciça do Estado para apoiar as zonas rurais, seja por razões de manutenção do estilo de vida e das identidades ou devido ao poder do voto rural, a natureza das zonas rurais continua a alterar-se. As mudanças nas zonas rurais têm estado indissociavelmente ligadas à evolução das economias globais e locais, e o turismo surgiu como um dos meios centrais através dos quais as zonas rurais podem "ajustar-se" ao novo ambiente global. A reestruturação regional associada à globalização envolveu normalmente tentativas por parte das regiões de alargar a sua base económica para incluir o turismo como parte de uma progressão "natural" para uma economia terciária, à medida que o emprego na agricultura ocidental tradicional diminui e a dimensão das explorações diminui.

Isto implica a expansão selectiva de fluxos turísticos destinados a atingir um ou mais dos seguintes objectivos

- Sustentar e criar rendimentos locais, emprego e crescimento;

- Contribuir para os custos de fornecimento de infra-estruturas económicas e sociais (por exemplo, estradas, água, esgotos e comunicações);

- Incentivar o desenvolvimento de outros sectores industriais (por exemplo, através de relações de compra locais);

- Contribuir para as comodidades dos residentes locais (por exemplo, instalações desportivas e recreativas, oportunidades de recreio ao ar livre, artes e cultura) e serviços (por exemplo, lojas, correios, escolas e transportes públicos); e

- Contribuir para a conservação dos recursos ambientais e culturais, especialmente porque as paisagens (estéticas) urbanas e rurais são as principais atracções turísticas (Michael Hall. N.D).

Diferentes zonas rurais têm contextos diferentes para a ex-urbanização. Há provas substanciais no contexto europeu de que, em várias zonas rurais e periféricas, a procura de segundas residências, bem como as visitas "turísticas", resulta frequentemente do desejo de manter os laços familiares com as regiões. Os indivíduos e os agregados familiares que migraram mais cedo no seu percurso de vida podem manter uma segunda habitação mesmo como parte de um plano de reforma a longo prazo. Não se trata de negar a importância da amenidade rural como fator nos processos de habitação exurbana, mas simplesmente de observar que estes são frequentemente muito mais complexos do que parecem à primeira vista. De facto, em muitas zonas periféricas, o turismo e o desenvolvimento de segundas residências e a atração associada de empresários exurbanos para trabalharem nesses sectores podem ser uma das poucas opções de desenvolvimento económico disponíveis para essas comunidades (Michael Hall. N.D). (Mahdavi, et al. 2008).

O turismo de segunda habitação tem sido historicamente promovido na região desde 2004, quando o governo do Irão criou a província de Khorasan do Sul e, por conseguinte, um enorme volume de orçamentos foi considerado para esta nova e desfavorecida região do Irão. A região está repleta de vida e, consequentemente, teve um impacto profundo na vida dos residentes locais.

Portanto, reconhecendo os efeitos deste modelo de turismo sobre os residentes rurais, a qualidade de vida pode proporcionar o desenvolvimento turístico adequado e a promoção da qualidade de vida para os residentes da área (Golmohammadi, 2013).

Também a província de Chaharmahal e Bakhtiari, no sudoeste do Irão, é uma das regiões turísticas do Irão, onde dois dos principais rios do Irão, nomeadamente o Karoon e o Zayandehrood, nascem nas suas montanhas e onde Shahrekord, o centro desta província, com uma elevação a partir da superfície (cerca de 3900 m), é reconhecida como a mais alta das cidades do Irão (ver figuras 10 a 23).

04-Aug-13 18:02
06-Aug-13 13:10
06-Aug-13 14:01

Números. 10 - 23. Um Complexo Integrado de Turismo Rural e Recreativo (IRTRC) perto do lago de Choghakhor e a 100 km de Shahrekord, centro da província de Chaharmahal e Bakhtiari, no sudoeste do Irão. Criado na última década (Pelo autor. 2-6 de agosto de 2013).

1.5 Desenvolvimento sustentável e agroturismo nas zonas rurais

O desenvolvimento sustentável é um processo com dimensões económicas, sociais, culturais e ecológicas. Este processo é entendido como um desenvolvimento em todos os aspectos, tanto para as sociedades urbanas como para as rurais. No entanto, na maioria dos países em desenvolvimento, a população rural está a diminuir gradualmente, apesar de as terras agrícolas que estão a perder produtividade estarem a aumentar. Embora esta situação resulte principalmente num empobrecimento crescente da sociedade rural, também causa problemas como a desflorestação, a erosão e a perda de produtividade devido à má utilização dos recursos. Por outro lado, ao danificar os recursos naturais surgem problemas como a migração, a pobreza e a fome. Estes problemas afectam principalmente as populações rurais. As pessoas mais afectadas por estes problemas são as mulheres e as crianças. A superação destes problemas seria possível através do planeamento e da gestão sustentáveis das zonas rurais, de acordo com o seu potencial de recursos. (AKPINAR, et al., 2004).

Neste contexto, com políticas agrícolas e ambientais adequadas, deve ser assegurado:

- para proteger e desenvolver as terras agrícolas,

- aumentar a produtividade agrícola e comercializar os produtos agrícolas,

- criar oportunidades de emprego nos sectores agrícola e não agrícola,

- aumentar a contribuição da produtividade agrícola para o rendimento nacional e para a população rural.

Em muitos países em desenvolvimento, a agricultura é vital para o desenvolvimento rural sustentável e reconhecida como um dos principais meios para reduzir a pobreza e assegurar o crescimento económico. Neste sentido, a redução da pobreza nas zonas rurais depende significativamente do desenvolvimento agrícola sustentável. No entanto, o desenvolvimento agrícola deve ser considerado não apenas como um aumento da produção, mas também como um desenvolvimento da sociedade rural que inclui as mulheres. (AKPINAR, et al., 2004).

Zonas rurais e campos agrícolas são dois conceitos habitualmente utilizados em vez um do outro. No entanto, as zonas rurais são sistemas dinâmicos multifuncionais. Incluem diferentes usos do solo e actividades como a colonização, os transportes, a indústria, a silvicultura, o turismo e a recreação. Com a revolução pós-industrial, a urbanização e o aumento do tempo de lazer, as actividades turísticas e recreativas nas zonas rurais também aumentaram (AKPINAR, et al., 2004).

Por outro lado, no processo de reestruturação da economia nas zonas rurais, um dos efeitos mais óbvios é a necessidade de criar oportunidades de emprego alternativas ao sector agrícola.
A este respeito, o agroturismo é uma opção valiosa para proteger o ambiente rural, sustentar pequenas empresas e proporcionar rendimentos e oportunidades de emprego. Este sector também combina turismo e tarefas domésticas para as mulheres. (AKPINAR, et al., 2004).

O agroturismo, que é definido como "qualquer empreendimento turístico ou recreativo numa exploração agrícola ou forma de turismo rural em que os hóspedes pagantes podem participar na vida agrícola, quer como hóspedes quer como visitantes diários em explorações agrícolas", pode ser visto como uma nova fonte de rendimento para as sociedades agrícolas.

O conceito de agroturismo, cuja popularidade aumenta constantemente, não é, de facto, novo e sabe-se que 25% das explorações agrícolas aceitam turistas na Áustria há cerca de 100 anos (AKPINAR, et al., 2004).

No contexto do turismo agrícola, existem serviços como a recreação ao ar livre (caça, pesca, etc.), experiências educativas (provas de vinhos, aulas de culinária), entretenimento (festivais, etc.), serviços de hospitalidade (alojamento na quinta), vendas directas na quinta (operações de u-pick e bancas à beira da estrada), operações de aluguer de árvores. Neste contexto, as vantagens do turismo agrícola podem ser resumidas da seguinte forma:

- Contribui para a proteção das zonas agrícolas, das terras de cultivo e da paisagem rural.

- Cria diversidade no padrão agrícola e oportunidades de emprego nas zonas rurais.

- Oferece oportunidades de comercialização dos produtos agrícolas.

- Aumenta o nível de bem-estar da população local.

- Estabelece relações sociais e económicas entre as populações urbanas e rurais.

- Faz a ponte entre as zonas rurais e urbanas.

- Satisfaz as necessidades turísticas e recreativas das populações urbanas.

- Aumenta a respeitabilidade da atividade agrícola do ponto de vista das populações urbanas.

- A introdução de actividades agrícolas junto da população urbana é uma forma de a educar no sentido da contribuição da agricultura para a qualidade de vida e para a economia (AKPINAR, et al., 2004).

Para além das vantagens acima mencionadas do turismo agrícola, considerando os princípios determinados para a indústria do turismo na Declaração do Rio em 1992 (por exemplo, a proteção do ecossistema, a harmonia com a natureza, a criação de oportunidades de emprego para as mulheres e a população local). No contexto do desenvolvimento rural sustentável, a agricultura como fonte de turismo e lazer pode ser considerada uma oportunidade para as zonas rurais

(AKPINAR, et al., 2004). (Ver figuras 24-36).

Números. 24 - 36. Uma conferência nacional sobre o tema das plantas Barberry e Jujube (dois produtos principais e pilares da economia da província de Khorasan do Sul) que teve lugar em 2014, com a participação e apresentação de um artigo do autor sobre o assunto. Com a visita dos participantes aos jardins de Barberry, que são as principais atracções do turismo agrícola nesta região, com uma cerimónia de dança de homens e crianças com os seus vestidos tradicionais da população local e rural (todas as fotografias são da autoria do autor, 2014).

CAPÍTULO 2

Materiais e métodos

Os principais locais de realização desta investigação foram a província de Khorasan do Sul, no leste do Irão, e junto às fronteiras do Afeganistão (mapa da esquerda abaixo), e a província de Chaharmahal e Bakhtiari, no sudoeste do Irão (mapa da direita abaixo).

O tipo de investigação é principalmente qualitativo e menos quantitativo. A sociedade estatística da investigação inclui a população rural de algumas aldeias seleccionadas e típicas, especialmente as aldeias de Khorashad, Rech, Tanak, Chehar deh e Behdan, na província de Khorasan do Sul, a leste do Irão, e algumas aldeias turísticas nas províncias de Chaharmahal e Bakhtiari, a sudoeste do Irão. O autor utilizou também as suas experiências, fotografias, etc., noutras regiões turísticas do norte, centro e oeste do Irão. A entrevista, a observação, as fotografias e os documentos foram os principais métodos de recolha de informações junto da população rural destas aldeias. Todas as fotografias deste artigo foram recolhidas pelo autor entre 2010 e 2017, com a sua presença pessoal nestas regiões rurais. Também a observação e a participação do autor foram dois outros instrumentos importantes para a recolha de informações (ver figuras 37 e 38).

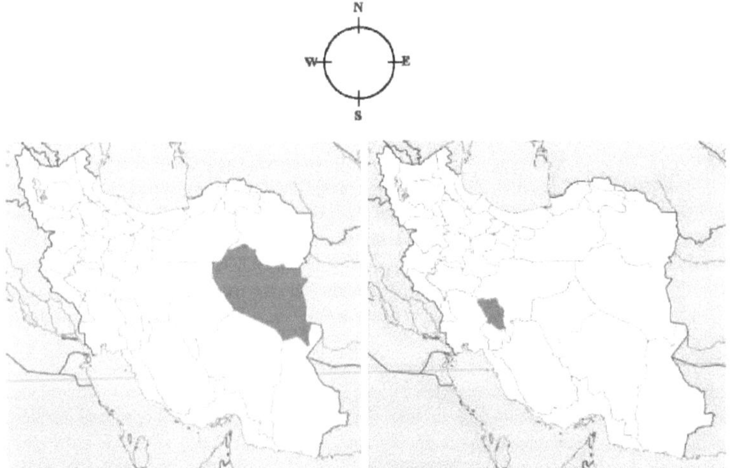

Figuras 37 e 38. Mapas dos principais locais de realização desta investigação, (mapa da esquerda - localização da província de Khorasan do Sul, no leste do Irão, e junto às fronteiras do Afeganistão (mapa da esquerda), coordenadas: 32,8653°N 59,2164°E), e mapa da província de Chaharmahal e Bakhtiari e da sua situação no sudoeste do Irão (mapa da direita) (ambos os mapas à escala de 1:1000000).

As características espaciais únicas destas regiões turísticas tornaram-nas um pólo de atração para os turistas nacionais e internacionais. Estas regiões têm registado um elevado crescimento do desenvolvimento do turismo de segunda residência e um crescimento exacerbado da população, especialmente na última década. No entanto, a ausência de um planeamento estratégico pró-ativo e de uma política de desenvolvimento clara no contexto de uma governação deliberada resultou em numerosos problemas ambientais nesta região única e intocada.

Estes sítios são destinos populares para o turismo de segunda residência devido ao seu ambiente imaculado e à sua acessibilidade. Abrangem entidades urbanas, zonas florestais e de montanha e ambientes rurais.
Esta forma de turismo conheceu um rápido crescimento durante o período pós-revolução islâmica

no Irão, em 1979. Tornou-se uma tendência, especialmente entre a classe média recentemente desenvolvida, que deseja retirar-se para a tranquilidade destas regiões e afastar-se da explosão da urbanização não planeada.

Com o rápido crescimento da população urbana, o terreno tornou-se propício para o desenvolvimento de empresas imobiliárias que tiram partido destes mercados não regulamentados. Assim, numerosos complexos de alojamento (edifícios recreativos com vários apartamentos) e residências secundárias individuais multiplicaram-se ao longo destas zonas turísticas (hot spots), bem como em várias aldeias dispersas.

O pressuposto é que a ausência de um mecanismo de governação baseado em acções colectivas para orientar e controlar os processos de desenvolvimento de residências secundárias está a ameaçar a sustentabilidade destas áreas e regiões turísticas no que diz respeito aos seus ecossistemas únicos.

Além disso, é plausível argumentar que o fenómeno da segunda habitação é também um catalisador da transformação de um espaço de produção num espaço de consumo. No entanto, os conflitos abundam nos locais onde a dimensão económica é a única preocupação. Assim, o crescimento do sector da segunda habitação dá origem a uma série de novos desafios, conflitos e contestações nas comunidades rurais".

A escala deste tipo de turismo e o seu impacto foram investigados através de um método de investigação qualitativo baseado em entrevistas aprofundadas (entrevista focalizada), no contexto da investigação sobre o planeamento da fronética. Os resultados revelaram que o crescimento do turismo de segunda residência se baseou numa abordagem de desenvolvimento laissez-faire, em que não existe uma política e um planeamento claros. Além disso, o estudo revelou que o turismo residencial é dominado por interesses particulares de empresas imobiliárias de fora da região (ou seja, uma força exógena com uma agenda orientada para o mercado), que também estão a receber favores de funcionários do governo local. Infelizmente, o "público", enquanto parte interessada legítima, não tem qualquer contributo ou influência no processo de construção de uma segunda habitação. O termo "público" refere-se às partes interessadas identificáveis cujo papel na governação ambiental da região foi ignorado.

O estudo concluiu igualmente que a atual trajetória de desenvolvimento de residências secundárias prejudica a qualidade ambiental, a identidade social e cultural e a prosperidade económica sustentável da região.

O estudo tentou identificar o impacto ambiental consequente e a possível ameaça à singularidade ecológica destas áreas e regiões turísticas do Irão. Foi realizada uma entrevista aprofundada face a face com inquiridos seleccionados na região durante 2016 e 2017. Cada sessão de entrevista teve a duração de uma hora a uma hora e meia. A profundidade das questões examinadas foi ainda melhorada e validada pela triangulação dos dados através da análise de conteúdo convencional. Assegurámos aos participantes que as conversas gravadas em áudio permanecerão confidenciais e serão utilizadas apenas para fins de investigação.

Na análise de conteúdo convencional, as categorias emergem da análise e não da imposição de categorias pré-concebidas aos dados". Foram tomadas notas de campo meticulosamente detalhadas sobre conversas informais para uma compreensão profunda do fenómeno investigado.

As questões relevantes para o objetivo da investigação orientaram a conceção das perguntas da entrevista. A amostragem selectiva foi utilizada por ser um método conveniente e adequado para este estudo de caso.

O objetivo da amostragem intencional consiste em recolher amostras de casos/participantes de uma forma estratégica, de modo a que as amostras sejam relevantes para as questões de investigação que estão a ser colocadas.

Depois de marcar uma entrevista com o inquirido, foi solicitada autorização para gravar e transcrever digitalmente as entrevistas. As entrevistas foram realizadas em persa e posteriormente traduzidas para inglês, e os textos em persa e inglês foram comparados para clarificação de possíveis interpretações erróneas. O processo de gravação e transcrição tem muitas vantagens, incluindo "contrariar as acusações de que uma análise poderia ter sido influenciada pelos valores e preconceitos do investigador.

Para efeitos de análise dos dados, os materiais gravados foram ouvidos mais do que uma vez e os materiais transcritos foram lidos mais do que uma vez. Isto permitiu uma análise do conteúdo e a exploração dos padrões nas respostas. De seguida, foi realizado o processo de codificação dentro de cada tema. Seguiu-se a identificação de um tema (resumindo uma parte do texto). Finalmente, cada tema foi apoiado por "citações" ou "extractos" que se tornaram a base de apoio à interpretação. Além disso, foi utilizada a análise de conteúdo qualitativa sob a forma de "análise do discurso "7 e "análise temática" de documentos (ou seja, jornais e páginas Web).

2.1 Objetivo e orientação do estudo

O primeiro objetivo é colmatar o défice de atenção prestada ao fenómeno da segunda habitação em termos de informação, compreensão e planeamento estratégico para acompanhar os processos deste tipo de turismo e o seu impacto.

O segundo objetivo do estudo visa explorar o possível conflito entre os processos de desenvolvimento e governação da segunda residência, por um lado, e a região sujeita a esta forma de turismo, por outro. Estas regiões turísticas são consideradas na sua totalidade através de uma visão holística das pessoas e do ambiente, tendo em conta o facto de que uma visão holística é essencial para compreender e promover a conservação das regiões costeiras.

O terceiro objetivo do estudo é ir além da abordagem tradicional baseada no rendimento do turismo de segunda residência e centrar-se nas ramificações sociais, ambientais e outras desta atividade.

O quarto objetivo do estudo é estabelecer um discurso sobre o turismo de segunda residência com o propósito de o retirar do isolamento e de o colocar na epistemologia do turismo dominante (ou seja, no campo do turismo não relacionado com negócios) e no sentido de uma agenda sustentável. Isto justifica-se, uma vez que o impacto também pode ser contextualizado como contra-urbanização, em que os urbanos encontram refúgio em áreas ricas em amenidades.

Este estudo centrou-se no "turismo de segunda residência" com ramificações espaciais particulares nestas zonas e regiões turísticas e em ambientes frágeis. Caracterizam-se também pelo envolvimento de empresas imobiliárias exteriores a estas zonas e regiões turísticas, dominadas por abordagens de desenvolvimento pró-negócios e orientadas para o mercado, sem qualquer política e processo de planeamento claros e partilhados. Não existem oportunidades para as comunidades destas regiões reflectirem sobre a forma de utilizar os seus recursos naturais de uma forma sustentável.

CAPÍTULO 3

A difusão do fenómeno da segunda habitação no Irão

... A difusão de "refugiados urbanos" mais abastados para ambientes remotos de alta qualidade, que favorecem o desenvolvimento de habitações de recreio como segunda, terceira ou quarta habitação. De facto, a contra-urbanização representa o fator impulsionador dos enclaves dos ricos rurais, com a sua presença espacial, actividades de lazer e impactos comunitários resultantes.

Entretanto, o modelo apresentado é uma ilustração do fenómeno das segundas residências no contexto da atual fase de desenvolvimento do turismo. Por conseguinte, o turismo de segunda residência é considerado uma atividade económica formidável baseada na interação entre a utilização do solo e o impacto ambiental, em que está em jogo um ambiente único destas regiões turísticas. O modelo é um epítome da "complexidade e intensidade das interacções, tanto naturais como artificiais, que conduzem a uma degradação da qualidade do solo, à redução da biodiversidade, a preocupações com a segurança alimentar e à falta de sustentabilidade ambiental a diferentes escalas". O pressuposto é que o atual padrão de desenvolvimento de segundas residências nestas regiões turísticas do Irão contradiz os princípios da bio-capacidade da região e a capacidade da natureza de regenerar os recursos para satisfazer as necessidades da população em crescimento no que diz respeito às dimensões social, económica e ambiental (Alipour, et al., 2017).

CAPÍTULO 4

Enquadramento teórico e impactos positivos e negativos da segunda habitação
Existe uma vasta investigação sobre os impactos socioeconómicos e ambientais do turismo em geral, que aborda esta questão principalmente do ponto de vista dos residentes. No entanto, a investigação sobre o turismo de segunda residência é bastante escassa e centra-se sobretudo em casos europeus. Os estudos sobre o turismo de segunda residência nos países em desenvolvimento são raros e, no caso do Irão, quase inexistentes, apesar do fenómeno emergente da segunda residência.

No entanto, os impactos negativos do turismo de segunda residência não podem ser negligenciados, uma vez que gera imensos custos socioculturais e ambientais. Embora o turismo de segunda residência seja "inerentemente dependente da sustentabilidade dos ambientes naturais em que ocorre", a maioria dos estudos sobre o turismo de segunda residência não abordou os impactos ambientais negativos num contexto regional (Alipour, et al., 2017).

Uma das primeiras publicações sobre a segunda habitação é um volume seminal (Second Homes: Curse or Blessing, editado por Coppock, 1977), que se centrava sobretudo em casos europeus e não abordava necessariamente a questão no contexto dos países em desenvolvimento. No entanto, as inovações tecnológicas nos transportes contribuíram para uma disseminação espacial nas geografias mais prístinas e vulneráveis e no tecido social de áreas remotas. O turismo de segunda residência também tem sido examinado por várias disciplinas e é altamente suscetível de investigação multidisciplinar (Alipour, et al., 2017).

As segundas residências floresceram na literatura de língua inglesa das décadas de 1970 e 1980, quando os académicos voltaram a sua atenção para o fenómeno das segundas residências, mas o principal ressurgimento de interesse e entusiasmo começou na década de 1990. Pela sua natureza, as segundas residências têm funções de lazer. Esta associação revela a natureza e o impacto do turismo de segunda residência nas comunidades onde estão implantadas. A questão dos conflitos socioculturais cristaliza-se nas características dos turistas residenciais (second homeowners), que Rodriguez identificou da seguinte forma:

... um grupo humano concreto (reformados, idosos); exibem diferentes padrões de comportamento móvel (migração permanente, migração temporária ou simplesmente mobilidade); demonstram uma motivação turística com uma base individual (satisfação em desfrutar do tempo livre) e dimensões económicas (em termos de consumo, mercados imobiliários e serviços); e criam efeitos territoriais (Alipour, et al., 2017).

Por conseguinte, as segundas residências são mais frequentemente vistas como uma maldição do que como uma bênção. Hall coloca em termos gerais que "o contraste mais acentuado (e a base dos conflitos de localização) nos projectos de desenvolvimento turístico é entre os residentes que usam essencialmente os lugares para satisfazer as suas necessidades e os empresários de lugares que se esforçam por maximizar os valores de troca através da intensificação do uso das propriedades" (Alipour, et al., 2017).

Para estabelecer a direção deste estudo, o fenómeno da segunda habitação é considerado como "propriedades que ocupam espaços de consumo, e com um enfoque exclusivo no fenómeno mais simples de possuir uma segunda habitação para fins de lazer e, em particular, para procurar um retiro da vida urbana". Esta forma de turismo resulta "na mercantilização das zonas rurais, através da reestruturação de terrenos de agricultura marginal em empreendimentos de segunda habitação". Esta reestruturação pode desempenhar uma força motriz económica em termos de habitação e desenvolvimento de infraestruturas; no entanto, também tem uma influência política nas comunidades rurais em termos de reconfiguração do poder local que terá ramificações socioculturais (Alipour, et al., 2017).

Os migrantes de segunda residência são conceptualizados como agentes de transformação do lugar. A sua presença pode gerar efeitos transformacionais de longo alcance que podem ser físicos, ambientais, sociais, económicos ou políticos. Estas mudanças podem ser percepcionadas como positivas ou negativas, dependendo dos significados e valores que os indivíduos atribuem ao lugar. As transformações são efectuadas através de uma variedade de mecanismos de interação que, dependendo da política do lugar, podem incluir contestação, conflito e/ou negociação. O pressuposto é que a maioria dos projectos de segunda habitação cresce espontaneamente, sem uma política clara e mecanismos de planeamento adequados. Além disso, não são necessariamente bem-vindos, uma vez que aumentam a pressão sobre o parque habitacional existente e forçam a subida dos preços, exacerbando os padrões sazonais de emprego e procura económica. Em alguns casos, os agregados familiares de segunda habitação são vistos como invasores. Por conseguinte, os conflitos ecológicos e socioculturais podem resultar em desilusões entre os residentes rurais e os visitantes como proprietários de segundas residências (Alipour, et al., 2017).

Outra ameaça ao desenvolvimento de residências secundárias é a seguinte:
A conversão de terras agrícolas em moradias e complexos de segunda habitação está a ameaçar um genoma único de plantas locais. Isto não só resultará no desaparecimento de valiosos genomas de plantas locais, como também intensificará a dependência das regiões em relação às importações.

Entretanto, as discussões entre diferentes pontos de vista opostos relativamente ao desenvolvimento de segunda habitação têm estado a aquecer nos meios de comunicação social. Alguns argumentam que os promotores de segunda habitação facilitam o fluxo de capitais para estas regiões, contribuindo para o crescimento económico. No entanto, ninguém está a ter em conta as externalidades e os custos ambientais. Além disso, "este crescimento foi muitas vezes acompanhado de uma dependência económica, de um aumento das desigualdades regionais e de classe, de uma degradação do ambiente, nomeadamente nas zonas e regiões turísticas, e de mudanças radicais nas práticas culturais e nas relações sociais regionais (IRIB, 2016).

Como seria de esperar, a opinião contrária argumenta que a maior parte dos ganhos permanece nos cofres dos promotores de segunda habitação e acaba por ser desviada destas regiões. Além disso, o ganho dos habitantes locais é mínimo em comparação com o custo a longo prazo da destruição ambiental e da redução da base económica (Alipour, et al., 2017).

O quadro teórico subjacente a este estudo baseia-se na fenomenologia e na investigação frenética. Os dois quadros acima referidos são também designados por "metodologias de caso", em que o conhecimento e a experiência dependentes do contexto estão no centro da investigação. Este método de estudo permite que os investigadores alcancem uma experiência concreta "... através da proximidade contínua com a realidade estudada e através do feedback dos que estão a ser estudados".

Ao aplicar a investigação de planeamento frenético e a fenomenologia às práticas actuais do estudo de caso de desenvolvimento de segunda habitação, o autor fez cálculos de probabilidade baseados no conhecimento interno e alargou a investigação prática através do emprego de um conjunto de questões heurísticas que estão ligadas ao contexto. Tendo em conta que se trata do "estudo da particularidade e da complexidade de um único caso, procurando compreender a sua atividade em circunstâncias importantes". Um outro elemento fundamental da investigação da phronesis é a questão do poder que é altamente visível neste caso em que as empresas imobiliárias e os seus parceiros (ou seja, os funcionários do governo local) dominaram esta forma de turismo "hiper-regionalista". O elemento de poder também é visível para além da paisagem regional, uma vez que "o capital turístico está situado no nexo de indústrias diversas e sobrepostas (construção, finanças, imobiliário, transportes, hotelaria, meios de comunicação e comunicações) que manifestam algumas das áreas de investimento e crescimento mais rápido em todo o mundo".

Neste estudo, o autor centrou-se nos valores, colocou o poder no centro da análise, aproximou-se da realidade, enfatizou as "pequenas coisas", olhou para a prática antes do discurso, estudou o caso e o contexto, foi além da agência e da estrutura e dialogou com uma polifonia de vozes. Além disso, a phronesis e a fenomenologia contribuíram para a análise, permitindo ao autor colocar as seguintes questões de valor-racional que também demonstram as implicações do poder para este tipo de investigação (i.e. phronesis):

A) Onde é que vamos com o desenvolvimento do turismo de segunda residência nestas regiões turísticas do Irão?
B) Quem ganha e quem perde, e através de que mecanismos de poder?
C) Será este tipo de desenvolvimento desejável nestas regiões turísticas do Irão?
D) O que é que devemos fazer, se é que devemos fazer alguma coisa?

É respondendo às questões anteriores no contexto da phronesis (contexto de ideias) que se estabelece a validade do conhecimento da realidade deste estudo de caso com base no "... raciocínio prático, conhecimento artesanal ou conhecimento tácito: a capacidade de ver a coisa certa a fazer nas circunstâncias".

A limitação do estudo reside na natureza da abordagem fenomenológica e frenética, uma vez que a dimensão da amostra é pequena, pelo que os resultados podem ser enriquecidos e muito mais holísticos se uma população mais vasta (por exemplo, os residentes) for incorporada no processo de amostragem e análise.

4.1 Phronesis: planeamento da investigação e fenomenologia

"A Phronesis diz respeito a valores e ultrapassa o conhecimento analítico, científico (episteme) e técnico ou know how (techne) e envolve aquilo a que Vickers chama "a arte do julgamento". Neste contexto, as decisões são tomadas à maneira de actores sociais virtuosos (por exemplo, "públicos" como partes interessadas para além das empresas imobiliárias e dos funcionários da administração local). "Defende-se aqui que a phronesis está normalmente envolvida nas práticas de planeamento e, por conseguinte, que quaisquer tentativas de reduzir a investigação sobre o planeamento à episteme ou à techne ou de compreender as práticas de planeamento nesses termos são mal orientadas". Por conseguinte, este estudo procurou investigar o caso do desenvolvimento de segundas residências e o seu impacto em regiões turísticas únicas, transcendendo a techne e a episteme. Isto é conseguido através do enfoque na phronesis, que também é referida como "sabedoria prática", uma competência crucial para a tomada de decisões no contexto da investigação sobre o desenvolvimento de segundas residências na comunidade com múltiplas partes interessadas. Através das lentes da phronesis, a comunidade refere-se a "um grupo multicultural, desfavorecido e muitas vezes pobre de pessoas que vivem juntas numa área específica" que, na sua maioria, têm acesso limitado ao planeamento regional e ao processo de tomada de decisões de desenvolvimento.
A phronesis envolve uma combinação de conhecimento, julgamento e "gosto", produzindo um "discernimento" que é mais do que uma mera habilidade. Por conseguinte, a uma região sujeita a um desenvolvimento intensivo de segunda habitação nunca foi dada qualquer oportunidade de aprender, melhorar e inovar. No que se refere à quarta pergunta da phronesis "O que devemos fazer, se é que devemos fazer alguma coisa"? a resposta reside na "sociedade civil" e no seu potencial papel na gestão e governação destas áreas e regiões turísticas (Alipour, et al., 2017). A sua história de sucesso foi explorada e compreendida através da investigação de planeamento da phronesis. Portanto, antes que o desenvolvimento do turismo de segunda residência infligisse mais destruição a essas áreas e regiões turísticas, facilitar a formação de uma organização não governamental composta por diferentes interesses socioeconómicos da região para assumir o controlo dessas atividades é de suma importância para o desenvolvimento sustentável na região.

A abordagem fenomenológica não só legitima a nossa posição no quadro da phronesis como plataforma de investigação para compreender e explorar a "praxis" (ou seja, o conhecimento prático), como também implica que: "Uma doutrina dentro de uma filosofia que fornece directrizes metodológicas na investigação aplicada. A maioria dos fenomenólogos concorda que o seu objetivo é aprofundar e ampliar a compreensão dos fenómenos através das perspectivas do próprio participante na investigação num contexto de experiência viva.

De certa forma, o método de investigação fenomenológica, que é utilizado para obter provas qualitativas do objeto de estudo de caso, não contradiz a 'sabedoria prática' _ a noção de phronesis de Aristóteles. De facto, "a ênfase principal da investigação fenomenológica é descrever ou interpretar a experiência humana tal como é vivida por quem a vive, de forma a poder ser utilizada como fonte de provas qualitativas. A preocupação preliminar do investigador é utilizar técnicas de recolha de dados qualitativos para obter exemplos de experiências quotidianas".

4.2 . Análise de conteúdo de documentos, meios de comunicação social, etc., sobre os efeitos das segundas residências

A análise temática das reportagens dos meios de comunicação social sobre os complexos turísticos de segunda residência nestas zonas e regiões turísticas, publicadas em páginas Web URL oficialmente aprovadas e reconhecidas e em jornais nacionais, é resumida a seguir:

Todos os anos, mais de 100.000 árvores florestais são dizimadas para a construção de uma segunda habitação. Numerosas encostas de montanha são limpas de vegetação para este efeito.

Figura. 39. Três segundas habitações modernas e dispendiosas que foram construídas sobre uma colina natural num terreno que pertencia à organização de recursos naturais e bacias hidrográficas nas regiões rurais da província de Khorasan do Sul - aldeia de Bijar, a 30 km de Birjand, e que não foram destruídas e seladas devido ao pagamento de multas e outras obras por pessoas urbanas ricas e poderosas - por organizações legislativas locais e pelo poder policial (Autor, 10 de maio de 2013).

Figuras. 40 & 41. Nos últimos anos, a aldeia de Khorashad, situada a 35 km da cidade de Birjand, no centro da província de Khorasan do Sul, a leste do Irão, tem vindo a estabelecer segundas habitações modernas e dispendiosas por parte de pessoas ricas, abastadas e poderosas nas colinas e domínios das montanhas. E não destruiu e selou essas segundas casas ilegais por organizações de legislação local relacionadas e poder policial (por causa do pagamento de suas penalidades monetárias e outras obras por pessoas urbanas ricas e poderosas). (Fotografias do autor, outono de 2015).

Numa entrevista com o diretor (o seu nome foi registado mas não revelado) do gabinete ambiental da província, o diretor declarou: "A invasão da paisagem e da vegetação é um dos desafios que enfrentamos. O ecossistema florestal e as terras agrícolas foram transformados em segundas casas de férias, o que é considerado uma das principais ameaças ao ambiente. O impacto ambiental é agravado pela falta de conhecimentos sobre a utilização de fertilizantes pelos agricultores, pela redução da biodiversidade e pela falta de infra-estruturas adequadas, incluindo a ausência de esgotos. O diretor acrescentou que o impacto ambiental, social e cultural do desenvolvimento de segundas residências nestas áreas e regiões turísticas foi exacerbado pela migração da parte sul e central do Irão. O Dr. Rohani, Presidente do Irão, em resposta aos protestos sobre a destruição da vegetação na região do Mar Cáspio, declarou recentemente que estamos a planear aplicar uma moratória à produção de madeira, a fim de permitir a recuperação do habitat florestal. Entretanto, os produtores de papel devem passar a importar em vez de dependerem da fonte interna (IRIB, 2015).

A ausência de uma estratégia sólida para o desenvolvimento de segundas residências deu origem a um caos na utilização dos solos, que afectou vários ecossistemas de montanha. Um dos factores subjacentes a este desenvolvimento aleatório da segunda habitação é a falta de capacidade institucional e de eficiência intergovernamental. Por exemplo, a Organização das Florestas e dos Estuários é responsável pela monitorização da utilização dos solos, mas não consegue impedir a expansão não planeada da construção de segundas habitações.

A agência ambiental envolvida no controlo não pode intervir, uma vez que não está autorizada a realizar esta tarefa.

A falta de planeamento do uso do solo e a incapacidade institucional resultaram num desenvolvimento intensivo de segundas residências, que trouxe a comercialização e o consumismo para as zonas rurais. Em termos de invasividade cultural do desenvolvimento de segundas residências, alguns dos valores autênticos das aldeias foram afectados e diminuíram (Alipour, et al., 2017).

A revista Eghtesadonline (em persa), numa coluna intitulada "O caos do desenvolvimento de segundas habitações nestas zonas e regiões turísticas do Irão", afirmava: "Os tsunamis do desenvolvimento de segundas habitações em zonas e regiões turísticas do Irão atingiram estas províncias da região. O resultado foi a alteração da autenticidade social, cultural e económica destas regiões, com consequências para a singularidade vernacular das mesmas. A conversão de terras agrícolas em segunda habitação é altamente atractiva, uma vez que os agricultores ficaram eufóricos por terem acesso a dinheiro através da venda das terras agrícolas a empresas imobiliárias para efeitos de segunda habitação. O comportamento de curto prazo dos agricultores terá consequências para a sustentabilidade futura da região, devido à diminuição da principal base económica, que são os pastéis de arroz (IRIB, 2016).

Declaração do líder supremo da República Islâmica do Irão:
"Quem for acusado de apropriação de terras deve ser processado pelas autoridades legais. A solução para a poluição atmosférica exige uma análise séria" (w.kh.ir/detail/403525abaronline). (IRIB, 2016).

O Ministro da Cruzada Agrícola advertiu que a ocupação ascendente de terras e a construção ilegal de segundas habitações, especialmente nestas zonas e regiões turísticas, constituem um desafio para as autoridades. Reiterou que os agricultores estão a vender as suas terras por um ganho rápido e em dinheiro a curto prazo, e que os intermediários/comerciantes estão a colher os principais lucros. Afirmou ainda que não oferecemos aos agricultores uma alternativa para os impedir de vender as suas terras agrícolas (http://www.tabnak.ir/fa/news/493666/).(IRIB, 2016).

CAPÍTULO 5

Pátios tradicionais iranianos, alterações climáticas e sustentabilidade ambiental

As alterações climáticas são um desafio determinante para o século XXI e para o sector da construção no seu conjunto: os edifícios exigem 34% da energia mundial, ou seja, mais do que a indústria e os transportes. Os edifícios oferecem o maior potencial para obter reduções significativas das emissões de gases com efeito de estufa, ao menor custo.

A sustentabilidade ambiental concentra-se nas questões de preservação dos recursos naturais, como o ar, a água e as alterações climáticas (Soflaei, et al., 2017).

A maioria dos edifícios modernos é concebida sem a devida atenção aos impactos ambientais, ao passo que a história da arquitetura mostra uma correlação positiva entre o ambiente e os edifícios tradicionais, que foram concebidos com uma atenção cuidadosa aos requisitos climáticos e aos contextos socioculturais (Soflaei, et al., 2017). (Ver figuras 42 a 48).

Números. 42 - 45. Um pátio tradicional iraniano com uma pequena piscina no seu interior e várias árvores de fruto à sua volta, que melhoram as condições climáticas e a sustentabilidade ambiental. Em Shahrekord, centro da província de Chaharmahal e Bakhtiari, no sudoeste do Irão. Foi fundada no século passado e conta com a presença dos pais do autor - o seu pai faleceu em 2016. (Pelo autor. 2-6 de agosto de 2013 e 2012).

A casa com pátio é um tipo de habitação familiar e histórica, em que os espaços principais do edifício estão dispostos em torno de um pátio central. Trata-se de uma das tipologias de habitação mais antigas do mundo, que remonta a 5000 anos atrás, quando foram construídas no Médio Oriente e na China, como mecanismo de proteção contra as intempéries e os vizinhos hostis. As casas com pátio ocupam um lugar importante na história da arquitetura e só nos últimos dois séculos é que a sua utilização foi ignorada pelos arquitectos. Ultimamente, tem sido dada mais atenção à tipologia da casa com pátio, a fim de resolver uma série de problemas de habitação densa no interior da cidade (Soflaei, et al., 2017). Recentemente, alguns académicos concentraram-se no desempenho térmico dos pátios tradicionais iranianos. Soflaei et al. investigaram o conceito de pátio central tradicional como uma estratégia de arrefecimento passivo para melhorar o conforto térmico interior nestas áreas e regiões turísticas do Irão. Realizaram um estudo de campo empírico para analisar três importantes variantes de conceção do pátio, incluindo a orientação, as dimensões e as proporções, bem como as superfícies opacas (paredes) e transparentes (janelas), em vinte casas tradicionais notáveis de sete cidades antigas do Irão. Como conclusão, propuseram um modelo de conceção físico-ambiental para pátios centrais como uma estratégia passiva útil. Heidari propôs uma diretriz de conceção para pátios no clima desértico de Yazd com base nos resultados do movimento do ar e do conforto térmico de estudos de caso. Concluiu que a humidade nos pátios estudados podia ser melhorada através de paisagismo e que um lago podia afetar significativamente o conforto térmico. A relação profundidade/largura de um pátio é um fator importante do padrão de fluxo de ar (Soflaei, et al., 2017). O pátio tradicional iraniano é normalmente plantado com árvores, flores, arbustos e piscina, não só cria um ambiente confortável, bonito e agradável, como também aumenta a sombra e a humidade relativa do pátio para proporcionar conforto térmico aos residentes. Cria um ambiente de vida confortável com a utilização sazonal de todos os espaços circundantes. O lado norte e soalheiro de um pátio é utilizado durante o inverno, enquanto o lado sul e sombreado é utilizado durante o verão. No lado do pátio tradicional iraniano, onde é proporcionada a máxima sombra, existe um grande arco aberto, ou Iwan em persa, e um captador de vento que é normalmente acomodado direta ou indiretamente para proporcionar arrefecimento e ventilação naturais aos espaços interiores (Soflaei, et al., 2017). Enquanto as casas maiores têm divisões em toda a volta do pátio, as mais pequenas podem ter divisões apenas em três ou dois lados do pátio. O pavimento do pátio é geralmente revestido de tijolos quadrados cozidos, ou Farshi em persa, que são frequentemente limpos molhando e varrendo os tijolos, o que proporciona um arrefecimento adicional por evaporação. Mesmo sem sistemas modernos de aquecimento/arrefecimento activos (mecânicos), os pátios, tal como as estratégias tradicionais de aquecimento/arrefecimento passivos (naturais), proporcionam um ambiente confortável em diferentes estações do ano. Os pátios centrais têm uma temperatura do ar mais fria principalmente na área por cima do pátio, em especial durante as manhãs, e funcionam da seguinte forma: o ar no pátio torna-se mais quente à medida que o dia avança para a noite, o ar frio é armazenado no pátio em camadas laminares e flui para os espaços interiores em redor do pátio. Posteriormente, a temperatura no pátio aumenta lentamente de manhã, permitindo que o pátio se mantenha fresco até que a radiação solar incida diretamente sobre ele. O vento quente passa sobre a casa durante o dia e não entra no pátio, limitando-se a criar remoinhos no seu interior, a menos que sejam instalados deflectores para desviar o fluxo de ar. Este fenómeno pode ser explicado pelas propriedades térmicas do ar e do material utilizado na construção do pátio. Durante o dia, a capacidade térmica do ar é extremamente baixa, pelo que a temperatura do pátio é demasiado próxima da temperatura ambiente. No entanto, durante a noite, as paredes e o chão do pátio são arrefecidos por ondas longas de radiação emitida, e permanecerão frescos até à manhã seguinte. Por conseguinte, a massa das paredes e do chão do pátio serve de reservatório de frio, caso o pátio não seja demasiado grande e esteja efetivamente sombreado. Caso contrário, um pátio não protegido pode aumentar o stress térmico dentro e à volta do edifício (Soflaei, et al., 2017). A dimensão média dos pátios é geralmente determinada com base na latitude, embora a dimensão do terreno tenha uma certa influência. Os pátios são suficientemente estreitos para proporcionarem uma área de sombra no verão e suficientemente largos para receberem radiação solar no inverno. O desempenho térmico dos pátios foi estudado por muitos investigadores. Estes identificaram que o nível de conforto térmico num pátio é determinado pelos factores microclimáticos que nele incidem, em particular a radiação solar e o vento. Além disso, o efeito destes parâmetros pode ser avaliado em função da geometria, das dimensões, das proporções e da orientação do pátio, que são as principais variantes de conceção para proporcionar um conforto térmico adequado nos pátios.Os resultados de vários estudos mostram que os pátios centrais tradicionais iranianos foram concebidos com base numa cuidadosa atenção à orientação e às propriedades geométricas no que respeita aos parâmetros físicos e naturais para actuarem como um modificador eficaz do microclima ou um sistema de arrefecimento passivo (Soflaei, et al., 2017).

Números. 46 - 48. Utilização do mapa de pátios e casas tradicionais iranianas para melhorar o conforto, o clima e o ambiente num parque moderno criado há 8 anos na cidade de Biijand, no centro da província de Khorasan do Sul, a leste do Irão. Com a presença de pessoas idosas neste parque (Fotos do autor - inverno de 2017).

CAPÍTULO 6

Material e estrutura para a redução do consumo de energia nos edifícios

O consumo de energia nos edifícios pode ser reduzido em 30-80% utilizando tecnologias comprovadas e comercialmente disponíveis, incluindo materiais de elevada capacidade térmica. É possível reduzir o consumo de energia em 60-80%, seleccionando o melhor material para uma determinada aplicação, cumprindo ou excedendo os objectivos de desempenho do produto e minimizando os custos. A tecnologia de construção é também outro aspeto importante nos países em desenvolvimento, como o Irão. A construção de edifícios residenciais pré-fabricados foi mais eficiente na utilização de energia e no impacto ambiental, com uma redução de 20,49% no consumo total em comparação com a amostra de construção de edifícios residenciais tradicionais. Por outro lado, a história mostra que os edifícios vernaculares dependem sempre dos materiais locais e naturais disponíveis. A utilização desses materiais para reduzir os gastos de energia durante a ocupação é uma decisão sensata, uma vez que também reduzirá a energia incorporada inicial, bem como os custos, especialmente os custos de transporte. De facto, a seleção de materiais vernaculares, a compatibilidade, a energia incorporada, a aplicação de energia passiva e a conceção de estratégias ambientais na gestão de resíduos e tecnologias relativas aos impactos no ambiente são conceitos que fazem parte da conceção de edifícios sustentáveis. Embora alguns dos materiais de construção tradicionais não sejam adequados para serem utilizados com as novas tecnologias de construção, podem ser obtidos benefícios utilizando a combinação de materiais modernos e tradicionais em diferentes partes dos edifícios (Soflaei, et al., 2017).

5.1 Material e estrutura das casas com pátio tradicionais iranianas

Para proporcionar uma capacidade térmica adequada nas regiões quentes e áridas do Irão, foram utilizados materiais naturais e locais, tais como tijolos de barro cozido e não cozido, gesso, cal e pedra. Do ponto de vista estrutural, a argila é fraca em forças de tração; este problema foi resolvido com a adição de palha à mistura nas casas tradicionais do Irão, oi uma típica casa de pátio tradicional iraniana, o telhado é plano e uma pequena parede de parapeito, ligeiramente mais alta do que o nível dos olhos, rodeia a borda do telhado. O objetivo é não só garantir a privacidade quando a casa é utilizada como área de dormir à noite, mas também proteger a área da radiação solar direta durante um longo período do dia. Um telhado plano é geralmente coberto com tijolo quadrado cozido ou Farshi em persa e recebe radiação solar continuamente durante o dia, a uma taxa que começa a aumentar no início da manhã e começa a diminuir no final da tarde devido a mudanças tanto na intensidade solar como nos ângulos do sol. As cúpulas, também são populares na área em que o conceito se baseia em aspectos estruturais, mas do ponto de vista climático, isto também teria uma base termo-física. O envelope de uma abóbada hemisférica é cerca de três vezes a superfície da sua base, pelo que a radiação de posições solares elevadas é diluída numa superfície curva. Isto resulta em temperaturas de superfície ligeiramente mais baixas, que são ainda mais reduzidas pelo arrefecimento do vento. O ângulo de incidência sobre a cúpula é também diferente de ponto para ponto e uma parte da sua superfície permaneceria à sombra durante a manhã e a tarde. Pela mesma razão, a forma curva é também adequada para libertar a radiação nocturna de saída e facilitar o arrefecimento noturno. Quanto maior for a superfície exposta ao céu, maior será a energia libertada por essa superfície. Isto é especialmente verdade na construção em alvenaria, onde o material de construção pesado, através do seu atraso na condução do calor, assegura condições térmicas diárias equilibradas (Soflaei, et al., 2017). (Ver figuras 49 -57).

Figuras 49 - 52. Utilizando tijolos não cozidos e lama que são tradicionalmente utilizados pela população local e têm indicadores de sustentabilidade ambiental, além de resistirem particularmente bem aos incessantes raios solares nos meses muito quentes de julho e agosto no clima quente-árido do Irão (duas primeiras imagens). E a utilização de materiais modernos (ferro, etc.) nos edifícios actuais e na escola governamental que não têm indicadores de sustentabilidade ambiental (duas últimas imagens). Nas aldeias de Mavdar, Sorond e Afzal Abad da cidade de Tabas, a 55 e 300 km de Biijand, centro da província de Khorasan do Sul (23 de maio de 2016 e 8 de maio de 2017).

Números. 53 - 57. Um museu de pátios e casas tradicionais iranianas - que construíram as suas casas e edifícios principalmente com tijolos não cozidos e lama - na cidade de Ferdows, a 145 km da cidade de Birjand, centro da província de Khorasan do Sul, no leste do Irão. (Fotografias do autor - inverno de 2013).

No clima quente e árido do Irão, os materiais mencionados, particularmente os tijolos não cozidos e a lama, resistem fortemente aos incessantes raios solares nos meses muito quentes de julho e agosto. Entretanto, durante as estações frias, as câmaras são aquecidas com muito pouco calor adicional e mesmo as paredes de tijolo não cozido transformam-se em blocos maciços e intactos após a secagem e são totalmente resistentes e robustas. Devido às temperaturas muito quentes, os materiais de construção absorvem o calor do sol e disponibilizam-no mais tarde, quando o sol se põe. Por outras palavras, esta energia é retida nas paredes durante cerca de 8 horas e nas outras partes da envolvente do edifício e é gradualmente transferida para os compartimentos interiores. Esta qualidade permite duas alternativas nas estações frias e quentes. Nas estações frias, a temperatura absorvida serve como uma barreira de isolamento que protege o ar interior de ser afetado pelo clima frio do deserto de inverno, especialmente à noite, porque durante o dia a temperatura é absorvida pelas paredes e pelo edifício e, embora o ar esteja frio no exterior, o interior da casa permanece quente. Durante as estações quentes, a temperatura absorvida causa problemas e as condições no interior do edifício impedem o conforto total dos residentes. Consequentemente, durante as noites, as pessoas preferem dormir nos telhados para maior conforto (Soflaei, et al., 2017).

De facto, as propriedades termofísicas destes materiais naturais e locais são de importância primordial para as casas tradicionais com pátio nas regiões desérticas, o que resulta de três factores: (1) A elevada intensidade da radiação solar faz com que a absorção solar da superfície externa seja uma propriedade com maiores efeitos e importância nos desertos do que noutras regiões, (2) A baixa pressão de vapor exterior torna possível proporcionar conforto interior com um pouco de ventilação até um nível de temperatura de cerca de 27-28 C. Ter apenas uma ventilação mínima durante as horas quentes do dia mantém a temperatura interior abaixo do nível exterior ao final da tarde. Esta redução da temperatura interior é possível através do fornecimento de uma constante de tempo térmico adequada, que é a combinação da resistência térmica e da capacidade térmica do edifício, (3) A grande amplitude diurna da temperatura do ar exterior nos desertos, juntamente com um padrão seletivo de ventilação diurna, permite tirar o máximo partido da constante de tempo térmico do edifício e estabilizar as temperaturas interiores diurnas a um nível muito inferior às temperaturas ambiente elevadas (Soflaei, et al., 2017).

No que respeita às paredes, foram utilizados dois tipos de paredes externas e internas nas casas tradicionais com pátio do Irão. As paredes espessas são parte integrante da casa indígena numa zona quente e árida, com uma espessura média de quase um metro. A verdadeira vantagem de ter paredes espessas e homogéneas é a inércia térmica envolvida. Nem o tijolo nem o betão são bons isolantes, mas têm a propriedade de armazenar o calor e de o transferir lentamente para os espaços interiores. Tudo isto, em conjunto, produz o que se designa por desfasamento temporal, o atraso entre a entrada de calor num lado de uma parede e a sua libertação final no outro lado. Além disso, com a espessura correcta de uma parede, esta irradiará calor para o interior várias horas depois de ser aquecida pelo sol, ou o lado interior permanecerá naturalmente a uma baixa flutuação de temperatura (Soflaei, et al., 2017).

Este tipo de detalhes de envolvente com massa térmica é muito conveniente para climas quentes e áridos, onde os Verões são muito rigorosos, com grandes oscilações nas variações diárias de temperatura. Esta grande massa térmica irá desacelerar a transferência de calor através da envolvente e, assim, serão atingidas temperaturas diurnas mais elevadas no interior, enquanto a temperatura do ar exterior é muito mais baixa e, consequentemente, serão proporcionadas condições térmicas interiores mais estáveis. Por outro lado, esta massa térmica, que tem uma temperatura superficial mais elevada no lado exterior, perderá rapidamente energia de aquecimento para a atmosfera através da radiação durante a noite, para começar o dia seguinte a partir de uma posição mais fria.

Graças a esta caraterística, um edifício pode ser organizado de modo a absorver calor durante o dia e a libertar parte dele durante a noite, quando é necessário ou o espaço não está a ser utilizado. Uma outra propriedade útil das paredes termicamente maciças é a quantidade de calor que podem absorver sem muitas subidas de temperatura. As paredes maciças bem sombreadas, que podem perder calor por convecção e radiação durante a noite, manter-se-ão a uma temperatura bastante baixa durante todo o dia. Se forem mantidas abaixo da temperatura da pele, o corpo humano irradiará para elas mesmo que a temperatura do ar seja elevada.
As paredes maciças das casas indígenas em zonas quentes e áridas actuam de forma semelhante e proporcionam uma medida adicional de conforto ao absorverem a radiação das pessoas durante o dia e ao serem arrefecidas por radiação ou convecção nos poços durante a noite. Cho e Mohammadzadeh realizaram uma investigação sobre a ventilação natural de um pátio tradicional num clima quente e seco localizado na cidade de Kashan, no Irão, através de uma simulação numérica. A investigação analisou e avaliou a eficácia dos sistemas de ventilação natural e da estratégia de arrefecimento passivo para proporcionar conforto térmico em casas com pátio. Os seus resultados mostraram que a influência do pátio interior nas condições térmicas tem uma forte dependência das aberturas da envolvente devido ao sistema de fluxo de ar. Compararam as cargas de arrefecimento em casos com e sem ventilação natural e demonstraram uma eficiência energética significativa da utilização da ventilação natural em casas com pátio (Soflaei, et al., 2017).
Bribian et al. realizaram uma investigação sobre a avaliação do ciclo de vida (ACV) dos materiais de construção para fornecer orientações para a seleção de materiais na conceção ecológica de novos edifícios e na reabilitação de edifícios existentes. O estudo provou que a utilização de materiais de base natural e local pode diminuir significativamente os impactes ambientais negativos.

Os tijolos de barro e os produtos sílico-calcários têm um desempenho global significativo nesta avaliação, em comparação com outros materiais de construção habitualmente utilizados.
Em climas quentes e áridos, através da elevada capacidade térmica da envolvente do edifício, o efeito da temperatura exterior é reduzido e é possível obter uma área interior fresca durante o dia. Por conseguinte, o efeito da massa térmica, como a lama, o barro e o tijolo sílico-calcário, a pedra e as combinações destes materiais com maior espessura, reduz consideravelmente a quantidade de cargas de aquecimento e arrefecimento do edifício neste clima (Soflaei, et al., 2017).

CAPÍTULO 7

Princípios da arquitetura sustentável e ecológica

Muitos arquitectos já envolveram os seus projectos no processo de consideração das abordagens da arquitetura sustentável e ecológica. No entanto, todos eles têm os mesmos temas de conceção que incentivam os projectistas a poupar energia, a utilizar energias naturais renováveis, a ter em conta as características locais de um sítio, bem como as necessidades, preferências e expectativas dos utilizadores. Entre os que identificaram os princípios da arquitetura verde ou da arquitetura sustentável, encontram-se os arquitectos britânicos Vale e Vale.

Os seis princípios da arquitetura verde, apresentados por Brenda e Robert Vale (1991), podem ajudar a identificar um espetro de abordagens ao design sustentável e uma série de princípios relacionados, mas distintos, que envolvem factores sociais e ambientais. Estes princípios foram utilizados para analisar e avaliar a sustentabilidade das casas tradicionais com pátio no Irão. A descrição dos princípios e os resultados da análise são apresentados a seguir (Soflaei, et al., 2017):

A) Princípio 1: Conservar a energia

Um edifício deve ser construído de forma a minimizar a necessidade de combustíveis fósseis para o seu funcionamento. Atualmente, devido ao aumento dos padrões de vida na última década, bem como à disponibilidade de materiais e tecnologia de construção modernos, não se presta a devida atenção a este ponto. As pessoas preferem viver em comunidades urbanas para terem o máximo de áreas de sombra e ar mais fresco entre os edifícios nas estações quentes. Por outro lado, os seres humanos estão mais adaptados ao modo de vida individualista apoiado pelas políticas de energia barata, que visam servir uma economia global de energia intensiva. Este modo de vida afectou o desempenho das comunidades tradicionais, a ambição de melhorar a eficiência energética e reduzir a procura de energia. Hoje em dia, há tentativas sérias de substituir os combustíveis fósseis ou as energias não renováveis por energias naturais ou renováveis com o objetivo de poupar energia nos edifícios. Por conseguinte, essas experiências devem ser amplamente identificadas como experiências criativas para alcançar uma arquitetura mais sustentável (Soflaei, et al., 2017).

B) Princípio 2: Trabalhar com o clima

Os edifícios devem ser projectados de forma a funcionar com o clima e as fontes de energia naturais. A ideia subjacente a este princípio é diminuir a dependência de combustíveis fósseis ou de fontes de energia não renováveis para o aquecimento e arrefecimento de um edifício. No entanto, alguns especialistas sugerem que a consideração da forma e dos elementos de construção optimizados para o clima também pode proporcionar conforto térmico interior aos residentes. No passado, os seres humanos utilizavam os recursos naturais como a madeira para gerar energia, mas a crescente escassez deste recurso levou-os a pensar noutras fontes naturais para gerar calor. Assim, os edifícios eram orientados para o sol de inverno, de modo a obter o máximo de radiação solar para o aquecimento passivo interior nas estações frias (Soflaei, et al., 2017).

C) Princípio 3: Minimizar os novos recursos

Um edifício deve ser concebido de forma a minimizar a utilização de novos recursos e, no final da sua vida útil, formar os recursos para outra arquitetura. Hoje em dia, o ambiente construído contemporâneo requer uma enorme quantidade de fontes, de modo a satisfazer as necessidades energéticas, devido ao crescimento populacional e económico, tanto nos países desenvolvidos como nos países em desenvolvimento. Por outro lado, não existem recursos suficientes no mundo para satisfazer estas enormes exigências. Assim, a reciclagem de materiais e componentes é um ponto importante no processo de reabilitação e atualização de edifícios, de modo a minimizar os novos recursos, bem como os impactos ambientais negativos.

Infelizmente, aqueles que têm um acesso fácil e direto aos recursos naturais dificilmente se adaptam à técnica de reutilização de materiais e elementos estruturais existentes que foram concebidos para um determinado fim, mas que também podem ser utilizados para outros fins. As soluções do método de conceção ecológica dependem da reciclagem de recursos que, se tiverem de ser modificados, alterados e substituídos num edifício, são menos dispendiosos do que a destruição e a reconstrução. Assim, a reutilização de materiais pode ser considerada uma boa solução, mesmo para preservar edifícios históricos valiosos.

D) Princípio 4: Respeito pelos utilizadores

Uma arquitetura ecológica reconhece a importância de todas as pessoas envolvidas. Uma vez que diferentes recursos estão incluídos no processo de construção de um edifício, a abordagem ecológica centra-se na importância do envolvimento dos seres humanos no processo de conceção do edifício. O respeito pelos utilizadores pode ser considerado de duas formas: para o construtor profissional, é importante compreender o impacto dos materiais e dos processos de construção de um edifício na saúde (mental e física) dos utilizadores e dos trabalhadores. Por conseguinte, esses materiais e processos devem ter menos poluição e impactos perigosos.

Assim, a utilização de materiais isolantes, os que contêm CFC, bem como os métodos de tratamento da madeira que contêm componentes químicos e têm efeitos de envenenamento, têm de ser eliminados de quaisquer práticas de construção sustentáveis. Além disso, a participação humana no processo de conceção e construção deve ser considerada de forma respeitosa, a fim de aumentar o seu nível de satisfação com a construção de um edifício (Soflaei, et al., 2017).

E) Princípio 5: Respeito pelo sítio

Um edifício tocará - esta - terra - levemente. Esta frase refere-se a outro princípio ecológico, que realça a importância da interação entre um edifício e o seu local. Tal como Eicker (2009) mencionou, a construção tocará levemente esta terra, o que significa que se um edifício ou estrutura for removido do seu local ou sítio original, esse edifício poderá deixá-lo numa situação idêntica à que existia antes de ser colocado lá. Para além disso, a terra também é responsável pelos materiais com que o edifício foi construído. Assim, qualquer edifício consome muita energia, produz poluição e ignora os utilizadores, não prestando atenção a esta terra de ânimo leve.

F) Princípio 6: Holismo

Todos os princípios ecológicos têm de ser incorporados numa abordagem holística do ambiente construído. É de notar que todos os princípios ecológicos mencionados, que foram explicados anteriormente, não podem ser facilmente incorporados num único edifício; em vez disso, podem ser envolvidos numa interação de sistemas - sistemas de jogo, de vida e de trabalho entre edifícios que são representados em formas construídas. Entretanto, o conceito de design verde não está apenas relacionado com o edifício e a sua ideologia de design, mas também depende da forma do ambiente urbano.
Os resultados mostram que, nas casas com pátio tradicionais iranianas, especialmente nas aldeias, as casas utilizavam energias renováveis solar e eólica para aquecimento e arrefecimento passivos, a fim de proporcionar conforto térmico aos seus ocupantes em diferentes estações do ano. Aplicaram princípios de conceção tais como tecidos urbanos compactos, formas regulares, orientações climáticas óptimas, pátios centrais como modificadores do microclima, materiais naturais recicláveis, espessura das paredes como massa de elevada capacidade térmica e isolamento energeticamente eficiente, pavimentos sensíveis ao clima e cor adequada para maximizar ou minimizar a absorção da radiação solar incidente.

Aspectos socioculturais como o contexto histórico, a língua, as crenças populares, as religiões, os valores, as normas, os costumes, as ideologias, os símbolos e até o estilo de vida quotidiano influenciam a organização espacial das casas tradicionais com pátio (Soflaei, et al., 2017).

As casas com pátio tradicionais oferecem o mais elevado nível de conforto mental humano, tendo em conta a privacidade e a segurança em ambos os casos e a introspeção baseada na cultura islâmica e no estilo de vida muçulmano nas casas com pátio tradicionais iranianas, paredes exteriores sem janelas e impedindo a visão direta do exterior para o interior; por vestíbulo nas casas com pátio tradicionais iranianas, hierarquia de circulação dos espaços públicos para os espaços privados, várias dimensões e tipos de casas com base no nível socioeconómico da família, atenção ao potencial económico dos materiais de construção locais, disposição do espaço habitacional em função das estruturas familiares, utilização de ornamentos e cores com base nos costumes populares (Soflaei, et al., 2017).

Por último, as casas com pátio tradicionais no Irão podem ser consideradas como uma estratégia de conceção sustentável bem sucedida, concebida com uma atenção cuidada aos requisitos climáticos e aos contextos socioculturais. Durante um longo período de tempo, responderam aos maiores desafios ambientais e às necessidades socioculturais. Embora todos estes princípios tradicionais não sejam aplicáveis à conceção de edifícios contemporâneos, devido ao crescimento da população e à alteração dos valores culturais e do estilo de vida social, alguns deles ainda são pertinentes para a conceção arquitetónica atual em cidades desérticas ou zonas urbanas com características ambientais e culturais semelhantes (Soflaei, et al., 2017). (Ver figuras 58 a 75).

Números. 58 - 75. Uma casa e pátios tradicionais iranianos na cidade de Khosef, a 35 km da cidade de Biijand, no centro da província de Khorasan do Sul, no leste do Irão. Esta casa e este edifício foram construídos principalmente com tijolos não cozidos e lama. (Fotografias do autor - inverno de 2012).

CAPÍTULO 8

Conforto climático na conceção de habitações vernáculas em diferentes regiões do Irão

O desenvolvimento tecnológico faz com que a conceção orientada para o ser humano seja esquecida em todo o mundo. Na conceção de habitações, um dos factores importantes para uma conceção orientada para o ser humano é o conforto climático. Atualmente, padrões arquitectónicos semelhantes em diferentes regiões climáticas do Irão não podem proporcionar conforto aos residentes. A arquitetura vernacular da habitação no Irão tinha padrões diferentes para proporcionar conforto climático em diferentes regiões.

O ambiente construído tem efeitos directos na satisfação e no bem-estar do ser humano. A resposta do edifício às necessidades físicas e psicológicas dos habitantes é essencial para lhes dar um sentimento de autoestima, segurança e privacidade. Apesar de tudo isto, é necessário que um ambiente saudável encante, eleve o espírito, relaxe ou proporcione o contacto com a natureza. Por conseguinte, para alcançar a satisfação física, o corpo humano deve estar num nível de conforto que, para o conseguir, depende da adaptação da conceção do edifício ao clima exterior. Assim, o clima é um dos factores mais importantes, que pode ter um efeito no conforto humano. Assim, devido às diferenças de clima nas diversas partes do mundo, cada região precisa de ter os seus próprios projectos e técnicas de construção nos seus edifícios que possam proporcionar conforto humano. No entanto, nos últimos anos, com o desenvolvimento da tecnologia, a maioria dos novos edifícios é projectada sem ter em conta o conforto humano.

No Irão, as mesmas técnicas são utilizadas em diferentes zonas para a conceção de casas contemporâneas. Estes padrões de conceção semelhantes para as casas contemporâneas causam alguns problemas relacionados com o conforto físico e psicológico do homem. Enquanto a habitação vernacular no Irão estava bem adaptada ao seu clima, utilizando estratégias diferentes em climas diferentes.

8.1 Clima e conforto climático na arquitetura iraniana

"Um dos factores mais importantes na vida, saúde e conforto do ser humano são as condições climáticas. O ser humano é direta e indiretamente afetado por estas condições".
Jahan Bakhsh (1998) apresentou condições de conforto climático que, em termos de temperatura, são adequadas para 80 por cento das pessoas, ou seja, os seres humanos nessas condições não sentem calor nem frio e o estado neutro é a sua outra palavra.

A consideração do conforto climático na conceção arquitetónica e de edifícios é objeto de muitos tipos de investigação que clarificam o seu significado. A conceção dos edifícios é a primeira linha de defesa contra os parâmetros climáticos exteriores. A conceção climática tem por objetivo proporcionar conforto climático aos seres humanos nos edifícios.
oi no Irão que foram realizados vários estudos no domínio do papel do clima na arquitetura e no desenho urbano. A maioria dos estudos presta atenção ao estudo da arquitetura de acordo com um clima em vários climas do país. Por exemplo, Kasmaei, (2008) estudou as condições climáticas, os parâmetros climáticos e a utilização destes parâmetros na construção, Ghobadian e Mahdavi, (2013) apresentaram diferentes métodos para analisar o conforto térmico e os métodos de controlo climático, Saligheh, (2004) apresentou modelos de conceção climática compatíveis com o clima da região para melhorar as condições térmicas e aumentar os índices de conforto e Razjooyan, (1988) tentou analisar os factores eficazes no conforto, publicando o seu valioso livro intitulado "Comfort by Architecture Compatible with Climate".
Com base nas investigações mencionadas, o ambiente construído está altamente associado ao clima. Além disso, de acordo com as características climáticas, existem diferentes classificações na arquitetura, como os climas frio, temperado, quente-húmido e quente-seco. Podemos utilizar esta classificação para atingir o nível de conforto climático nos edifícios em diferentes climas (Soleymanpour, Parsaee, & Banaei, 2015).

8.2 Arquitetura vernacular e conforto climático no Irão

Diferentes climas exigem diferentes respostas arquitectónicas. Para satisfazer as várias necessidades, as arquitecturas vernaculares que se desenvolveram ao longo dos séculos têm práticas e tecnologias de conceção muito originais e interessantes. A técnica e as especificações da construção vernacular baseiam-se mais nos conhecimentos adquiridos por tentativa e erro do que nas práticas convencionais. A arquitetura vernácula oferece uma boa solução para os constrangimentos climáticos, existindo mais do que uma abordagem para resolver o mesmo constrangimento climático. Estabelece uma harmonia entre as habitações, os habitantes e o ambiente físico. Este tipo de estrutura evolui ao longo do tempo para refletir o contexto ambiental, cultural e histórico em que se insere.

A arquitetura vernácula iraniana alcançou as condições de conforto climático nos espaços interiores através da utilização de estratégias inteligentes e adaptadas às condições naturais e sociais dos locais específicos em que existe. Diferentes estudos sobre a arquitetura vernácula iraniana revelaram que a bioclimática é um parâmetro fundamental para alcançar o conforto humano.

Por conseguinte, é essencial classificar os climas para revelar os seus impactos na arquitetura vernácula. Isto enquanto, devido a algumas razões, a continuidade da arquitetura vernácula e as suas características foram ignoradas nos últimos anos.

No entanto, pode não ser adequado adotar estes modelos como soluções prontas para a arquitetura moderna. A nossa capacidade técnica avançada e o nosso contexto cultural impedem-nos de regressar a estas formas arquitectónicas antiquadas. Mas podemos aprender uma lição com a abordagem dos construtores que reconheceram a interdependência dos seres humanos, dos edifícios e do ambiente físico.

Na cidade de Rasht, o clima é muito húmido e é necessário proteger o edifício da humidade intensa e da precipitação. De acordo com a tabela de Givoni, para alcançar o conforto climático, é necessária ventilação cruzada, pelo que o padrão de assentamento deve ser aberto e amplo e são recomendados edifícios com varandas contínuas profundas e telhados de duas águas extensos. Além disso, os edifícios devem ser orientados com a sua maior fachada para sul, de modo a ganhar calor solar no inverno, quando o ângulo do sol é baixo. Devido às fortes chuvas, a laje do rés do chão deve ser mais alta do que o nível do solo. E a madeira com capacidade térmica mínima pode ser utilizada como material estrutural e de cobertura, que está amplamente disponível nesta área.

Na cidade de Bushehr, o clima é muito quente e húmido. Por isso, para conseguir o conforto climático, é essencial proteger o edifício da intensidade da radiação solar. Os edifícios devem ser construídos com sombra total e ter varandas extensas e profundas. Para evitar a absorção excessiva de calor, recomenda-se a utilização de materiais autóctones com baixa capacidade térmica e cores vivas no exterior dos edifícios. A orientação para o vento predominante do mar, a existência de paredes com um mínimo de juntas com os vizinhos, o pátio central e as janelas de ambos os lados dos quartos de um só piso, o teto alto e as janelas largas melhoram a circulação do ar para proporcionar conforto durante o verão.

Na cidade de Yazd, o clima é muito quente. Tem Verões secos com Invernos frios e uma grande diferença de temperatura entre o dia e a noite no verão. Por conseguinte, recomenda-se um padrão de povoamento denso com pátios centrais, orientado para a luz solar e utilizando construções abrigadas da terra e torres eólicas. Paredes exteriores e interiores pesadas com materiais de elevada capacidade térmica podem reduzir a necessidade de aquecimento convencional e minimizar as flutuações de temperatura entre o dia e a noite.

Os resultados ilustram que as habitações vernaculares no Irão utilizavam estratégias de conceção que enriqueciam o conforto climático. O conforto climático atual diminuiu devido à falta de uma conceção orientada para o homem, utilizando novas tecnologias que não são soluções adequadas para todas as zonas climáticas.

A comparação entre casas vernaculares e casas contemporâneas do Irão revelou que as casas vernaculares podem proporcionar um nível mais elevado de conforto climático através da utilização de estratégias de conceção de edifícios que são influenciadas pelas condições ambientais exteriores e pelas zonas climáticas.

A abordagem da arquitetura vernacular consiste na coordenação entre os seres humanos, os edifícios e o ambiente físico, a fim de obter conforto em edifícios energeticamente eficientes. Embora estes factores não sejam significativos nas casas contemporâneas do Irão, a utilização de padrões de conceção semelhantes baseados na tecnologia não pode proporcionar conforto humano (Soleymanpour, et al., 2015).

Para melhorar o nível de conforto, especialmente o conforto climático, nas habitações actuais do Irão, recomenda-se a utilização das estratégias de conceção sensíveis ao clima retiradas da carta psicrométrica de Givoni, identificadas para cada região, com a utilização da tecnologia de forma adequada.

Atualmente, com o desenvolvimento da tecnologia, as casas são construídas mais rapidamente do que antes. Embora as vantagens do isolamento de telhados, paredes, pisos, vidros duplos, materiais, estrutura resistente a sismos, factores climáticos e todas as outras instalações devam ser utilizadas de forma adequada às características do local (Soleymanpour, et al., 2015).

8.3 A arquitetura vernacular em resposta ao clima, à cultura e à energia no Irão

O sector da construção consome uma elevada percentagem da energia total a nível mundial e, por sua vez, é um dos principais contribuintes para a degradação ambiental global. Hoje em dia, com os recursos energéticos limitados, a arquitetura vernacular apresenta uma fonte essencial de conhecimento arquitetónico para responder ao clima e à cultura sem depender de sistemas activos que consomem muita energia.

O abrigo é uma necessidade básica dos seres humanos para se protegerem dos extremos do clima. O clima influencia as formas de construção. Em parte, explica porque é que as formas de construção variam consoante a região. Outros factores de influência importantes são a cultura das pessoas, a sua religião, a disponibilidade de materiais e a tecnologia de construção. Um fator pode ser mais dominante em relação a outro, dependendo do contexto e das preferências das pessoas. Fazer um esforço para compreender a forma como o ambiente construído é moldado devido à interação entre as pessoas e o meio envolvente tem sido um fascínio para muitos investigadores. As pessoas reagem normalmente às alterações e mudanças causadas pelos elementos ambientais através da adaptação comportamental, fisiológica e psicológica para satisfazerem os requisitos de conforto. Para obter um ambiente desejável, as pessoas têm tendência a ajustar as suas mudanças de vestuário e a deslocar as suas actividades para obter o nível de conforto desejado.

As características de controlo ambiental, como um mecanismo para abrir e fechar portas, janelas e estores, aumentam a gama de temperaturas de conforto aceitáveis nos edifícios. Por conseguinte, o conforto térmico num edifício é obtido através dos elementos físicos, bem como através dos comportamentos adaptativos dos ocupantes.

Em geral, as casas tradicionais iranianas são classificadas em dois tipos reconhecíveis: o tipo introvertido (com pátio interior) e o tipo extrovertido (sem pátio central).

O tipo de pátio é muito utilizado na parte central do Irão, onde as condições climáticas são quentes e secas. No entanto, esta caraterística arquitetónica única pode ser encontrada noutras regiões com modificações em termos de forma e configuração. Do mesmo modo, os pátios encontram-se em muitos edifícios na parte sul do Mar Cáspio. Em cidades como Babul, Amol e Sari, existem muitos edifícios introvertidos com características de design que parecem ter sido inspiradas pela arquitetura da região central do país.

É aceite que as casas introvertidas funcionam de forma ideal nas regiões de clima quente e árido. O resultado de um estudo sugere que o pátio funciona igualmente bem em regiões de clima moderado e húmido através do comportamento adaptativo dos proprietários dos edifícios. As casas obedecem ao que é comummente reconhecido como uma boa regra de conceção ambiental. Inclui a colocação cuidadosa de pátios introvertidos, Ivans, varandas, quintais, varandas e caves. O problema climático mais importante da região é o elevado nível de humidade. Os edifícios estão orientados principalmente para a direção norte-sul, com aplicação selectiva de aberturas nos lados norte e sul dos edifícios. No inverno, os ocupantes dos edifícios aproveitavam o facto de o sol de inverno penetrar facilmente nos espaços interiores a partir do lado sul, devido à pouca profundidade da planta dos edifícios. No verão, aproveitavam a brisa vinda do Norte, com aberturas em lados opostos, favorecendo a ventilação cruzada. Além disso, o movimento sazonal e as alterações na utilização dos espaços habitacionais em função das horas do dia e das estações do ano contribuíram para a criação de espaços multifuncionais, que proporcionaram oportunidades de adaptação aos ocupantes.

Existem muitas semelhanças e algumas adaptações climáticas distintas na arquitetura geral entre as casas com pátio de Babul e as da região quente e árida. Ao contrário das casas com pátio situadas na parte central do Irão, a cave nunca foi utilizada como espaço habitável nas casas desta cidade. A cave é normalmente utilizada como armazém ou cozinha nas casas desta região. As aberturas para a rua eram normalmente utilizadas para efeitos de ventilação, que parece ser vital para criar conforto, embora haja poucas aberturas para o exterior das casas na região seca do Irão (Baboli, Ibrahim, & Sharif, 2015).

O quintal foi acrescentado à arquitetura das casas com pátio nesta zona para aumentar a possibilidade de ventilação cruzada. Por fim, os pátios introvertidos, as funções e aberturas inclusivas das divisões, bem como a planta rasa dos edifícios, oferecem a oportunidade de as casas desempenharem um papel adaptativo para se adequarem à privacidade do utilizador, bem como às necessidades de conforto ao longo das estações quentes e frias.

A profundidade da planta das casas nesta região da cidade de Babul é considerada pouco profunda, com a utilização adequada de aberturas nos lados norte e sul dos edifícios para aumentar a possibilidade de ventilação cruzada. Evitar a construção de qualquer parede ou divisória que bloqueie a circulação de ar no espaço interior (Baboli, et al., 2015).

Nas cidades históricas e especialmente nas casas tradicionais do Irão dos séculos XVII-XIX d.C., o modelo de vácuo (pátio central), como um dos conceitos mais fundamentais, sempre desempenhou um papel fundamental na organização das cidades iranianas em grande escala e, consequentemente, das casas em microescala. Na organização espacial das casas tradicionais, o pátio central, entre outros elementos espaciais, tem desempenhado sempre o papel de homogeneizador e organizador e não de fator neutro. De um modo geral, no vasto leque de cidades centrais iranianas, incluindo Isfahan, Shiraz e Yazd, o pátio tem tido uma natureza homogénea e fluida, e tem actuado como um elo de ligação entre diferentes espaços e contribuído para a continuidade do espaço nas casas tradicionais (Amiriparyan & Kiani, 2016).

Numa análise abrangente, todo o corpo de investigação sobre casas tradicionais iranianas pode ser categorizado em cinco abordagens diferentes, incluindo a baseada em dicionários, interpretativa, tipológica e histórica e de categoria única. Neste contexto, embora os estudos relevantes tenham investigado uma vasta gama de monumentos arquitectónicos do Irão, entre as metodologias de investigação existentes, a análise estrutural-espacial do pátio central (vácuo) tem sido menos abordada como um modelo eficaz e organizador (Amiriparyan & Kiani, 2016).

Nomeadamente, a investigação sobre a estrutura estrutural-espacial dos pátios tem-se limitado a um nível tipológico e a uma abordagem puramente interpretativa do espaço físico do pátio. Do mesmo modo, uma vasta gama de estudos examinou o pátio central na perspetiva do clima e da geografia da zona. Infelizmente, neste domínio, a área da análise espacial e estrutural do pátio como componente efectiva das casas tradicionais tem sido negligenciada (Amiriparyan & Kiani, 2016).

Muitos estudos abordaram a questão das casas do tribunal central iraniano. Os materiais de construção com elevada massa térmica, a presença de uma cave e de espaços semi-abertos, a utilização de pára-ventos e as alterações no perfil seccional do pátio são métodos utilizados para manter o conforto nos tribunais centrais iranianos e árabes.

A presença de salas de verão e de inverno nos edifícios centrais dos tribunais iranianos e a mudança de um espaço para outro para encontrar o melhor conforto térmico em diferentes dias do ano e diferentes horas do dia foram estudadas por outros. Além disso, a maioria dos estudos disponíveis centra-se em Yazd, com o seu clima quente e árido, embora haja consenso de que a forma se encontra noutros tipos de clima. O papel do tribunal central num clima quente e húmido permite comparar o seu desempenho com o de um tribunal num clima quente e seco mais familiar. Por esta razão, Yazd e Bushehr são representadas, respetivamente, como cidades antigas com estes diferentes climas (Khajehzadeh, Vale, & Yavari, 2016).

Embora as formas internas dos tribunais sejam diferentes em Yazd e Bushehr, as densidades de sombra nas melhores fachadas internas de ambas as cidades no verão são comparáveis. A densidade de sombra na fachada interna virada a norte de um tribunal central de Yazd é de 69,28% e de 95,19% para o nível do rés do chão da fachada interna virada a norte de um tribunal central de Bushehr. Do mesmo modo, as densidades solares nos melhores lados de ambas as cidades no inverno são comparáveis. A densidade solar na fachada interna virada a sul de um tribunal central de Yazd é de 58,31% e de 55,10% para o nível do primeiro andar da fachada interna virada a sul de um tribunal central de Bushehr. Diferentes densidades solares podem conduzir a diferentes temperaturas interiores nas divisões situadas por detrás de cada fachada interna de um tribunal central, tendo-se verificado que "as diferentes divisões tinham ambientes térmicos bastante diferentes e os ocupantes procuravam as melhores condições de vida".
Parece que uma combinação de forma e comportamento tornou as casas do tribunal central iraniano locais confortáveis para viver em climas difíceis (Khajehzadeh, et al., 2016).

Os sistemas de arrefecimento tradicionais nas casas tradicionais de Yazd "só podem realmente funcionar se as várias estratégias que o compõem se complementarem e se os habitantes estiverem dispostos e forem capazes de adaptar o seu estilo de vida e comportamento ao sistema".

Tendo em conta a atual população mundial e a disponibilidade de terrenos numa época de crescente urbanização, a probabilidade de existirem casas tão grandes que permitam movimentos sazonais em busca de conforto é muito reduzida. Além disso, as pessoas estão provavelmente menos dispostas a partilhar e a viver em conjunto como famílias alargadas. Coloca-se a questão de saber como lidar com as expectativas culturais modernas que, normalmente, não esperam que os ocupantes de edifícios modernos se desloquem (Khajehzadeh, et al., 2016).

Embora a ideia de ter casas grandes seja menos realista, existem espaços nas casas modernas que podem suportar movimentos semelhantes em busca de conforto. Em muitas partes do mundo, os jardins, as varandas e os terraços, se forem corretamente concebidos, podem proporcionar espaços confortáveis durante algumas horas do dia ao longo do ano. Por exemplo, enquanto as temperaturas no interior das casas iranianas modestas são bastante elevadas no verão, os jardins proporcionam uma temperatura desejável ao fim da tarde e também à noite. Algumas pessoas no Irão ainda utilizam o jardim para uma conversa/jantar ao fim do dia ou para dormir, em vez de estarem dentro de casa e utilizarem aparelhos de ar condicionado. Em algumas partes do Irão, os telhados planos também continuam a ser utilizados para conversas nocturnas e para dormir durante o verão. Esta tendência poderia ser apoiada por uma localização sensata e uma melhor conceção dos espaços abertos (jardins, decks e varandas) e uma melhor utilização dos telhados planos para servirem de salas de estar/quarto noturno de verão. Isto ajudaria a reduzir o consumo de energia no verão através de uma menor utilização de aparelhos de ar condicionado. Isto também sugere que os projectistas de edifícios sustentáveis têm de saber que um edifício sustentável bem sucedido só pode ser alcançado através da junção dos utilizadores (comportamento humano) e das características técnicas/de conceção (Khajehzadeh, et al., 2016).

Este estudo comparativo das casas do tribunal central iraniano em duas zonas climáticas diferentes do Irão (cidades de Yazd e Bushehr) mostra que, embora superficialmente semelhantes na forma, a diferença significativa nas proporções dos tribunais é deliberada. Estas diferenças conduziram a diferentes densidades de sol/sombra nas fachadas internas das casas em ambas as cidades durante o verão e o inverno. A modelação da densidade de sombra/sol nas fachadas internas durante o verão e o inverno em ambas as cidades mostra que os ocupantes tiveram de se deslocar (horizontalmente em Yazd e verticalmente em Bushehr) em busca de níveis ideais de sombra/sol durante o verão/inverno (Khajehzadeh, et al., 2016).

A análise também mostra que uma forma arquitetónica semelhante (o pátio central) de diferentes proporções suporta este comportamento em ambas as cidades. Obviamente, já não é possível copiar estas casas do passado na procura de formas de habitação mais sustentáveis que dependam de fontes de energia naturais.

Através de uma melhor conceção dos espaços abertos de uma casa, a arquitetura moderna poderia proporcionar oportunidades de circulação na casa em busca do nível desejado de conforto térmico, evitando a necessidade de utilizar aparelhos de ar condicionado. Os edifícios sustentáveis bem sucedidos só podem ser alcançados através de uma simbiose entre os utilizadores (comportamento humano) e as características técnicas/de conceção (Khajehzadeh, et al., 2016).

Assim, considerando a importância da questão da análise espacial e concetual da arquitetura iraniana como um modelo bem sucedido de desenvolvimento urbano, e do pátio como um componente eficaz e organizador das casas tradicionais iranianas, é possível citar uma série de estudos estruturais e de infra-estruturas realizados a este respeito. A investigação realizada por Nader Ardalan "Sense of Unity" pode ser considerada como um dos recursos mais eficazes na avaliação da arquitetura iraniana. Ao evitar uma abordagem meramente interpretativa e até estrutural-espacial, Ardalan lançou luz sobre as camadas ocultas e esotéricas da arquitetura iraniana, incluindo tradições e ideias filosóficas associadas à arquitetura iraniana (Amiriparyan & Kiani, 2016).

Numa investigação realizada por L.B. intitulada "o papel dos espaços intermédios na formação da identidade da extensão espacial dos contextos históricos iranianos", a natureza dos espaços intermédios e os seus papéis na arquitetura iraniana são especificamente investigados (Amiriparyan & Kiani, 2016).

8.4 A definição e a história do pátio central

A arquitetura antiga do Irão, com uma história que remonta a 8000 anos, é famosa pelas suas casas de corte centrais, concebidas para serem utilizadas nos diferentes climas do país. O arrefecimento e o aquecimento destas casas baseavam-se totalmente em fontes de energia naturais, como o vento e o sol, sendo este último "a principal fonte de conforto e desconforto".

Os construtores iranianos podiam controlar os efeitos das condições meteorológicas recorrendo sobretudo a meios arquitectónicos. Vários estudos apoiam a crença generalizada entre as pessoas de que os residentes costumavam deslocar-se dentro das suas casas à procura de melhores situações térmicas, associando assim a forma da casa de tribunal tradicional ao comportamento (Khajehzadeh, et al., 2016).

Uma vez que estes pátios centrais são utilizados nos diferentes climas do Irão, coloca-se a questão de saber como é que estas formas semelhantes de casa podem responder a estes climas, quer através da conceção quer do comportamento. Parece que, embora existam semelhanças, há também grandes diferenças na disposição destes pátios centrais, porque, como se afirma, "a variação no clima levou a uma variação na resposta arquitetónica", tanto no Irão como nos países árabes do Médio Oriente (Khajehzadeh, et al., 2016).

O pátio ou mian sara designa um espaço aberto, geralmente construído para fornecer luz e trocar calor com o mundo exterior, sob a forma de um quadrado ou retângulo. No dicionário Persa para Persa Dehkhoda, pátio significa uma área cercada e qualquer lugar fechado por uma parede. Em termos de história, a história do pátio no Irão remonta aos finais do século X a.C., em Khaneh E Soukhteh ou IV andar, situado em Tappe Hasanlu em Shahr E Soukhteh. De acordo com alguns estudos realizados, a estrutura primária do pátio central tem origem no modelo básico do charsofeh, que pode ser considerado o modelo mais antigo de construção de casas no Irão. No modelo charsofeh, o espaço central em forma de cruz da casa é rodeado por quatro divisões periféricas nos cantos e numa planta quadrada ou retangular, e a única forma de aceder à área aberta é através do pátio frontal ou do espaço circular situado no mian khaneh, que é um espaço retangular situado no meio do telhado das casas charfoeh. Do mesmo modo, segundo alguns estudiosos, o modelo das casas com um pátio central, a partir de uma pequena abertura circular no teto, foi transformado num modelo de pátio espaçoso através do desenvolvimento de um espaço vazio circular situado no topo do mian khaneh (Amiriparyan & Kiani, 2016).

Nesta reestruturação, o espaço central em forma de cruz, limitado por quartos de quatro cómodos, está localizado em torno de um pátio central numa nova estrutura e recebeu um espaço aberto com dimensões novas e mais amplas. De facto, com base em vários investigadores, este modelo pode ser uma estratégia para moldar o pátio central nas casas tradicionais iranianas, uma vez que o mian khaneh foi transformado em mian sara ao longo dos anos, levando à formação do modelo de pátio central. Nas casas iranianas, mian sara significa pátio central e, como ponto focal, tem um papel central.
Além disso, o mian sara funciona como um pequeno jardim em algumas cidades como Isfahan, Yazd e Shiraz. Com o desenvolvimento das técnicas de construção no Irão, o conceito de pátio central, de simples objeto físico, converteu-se num conceito inseparável e espacial na organização espacial das casas tradicionais no Irão devido a causas climáticas. Assim, através de um olhar mais abrangente, é possível comparar o conceito de pátio central a um espaço de natureza vazia; um espaço que, sem ele, a configuração das casas tradicionais no Irão fica prejudicada. Assim, o vácuo como elemento organizador conduz à integridade do sistema espacial das casas tradicionais (Amiriparyan & Kiani, 2016).

8.5 Diferentes funções do pátio
Durante muitos anos, os tribunais centrais foram utilizados em zonas do Irão com climas diferentes. Embora inicialmente pareçam existir muitas semelhanças, alguns aspectos destas casas variam de uma zona climática para outra. Vários estudos sugeriram também que os utilizadores destas casas se deslocavam no seu interior à procura de melhores situações térmicas. Os pátios centrais em duas zonas climáticas do Irão (Yazd, quente e seco, e Bushehr, quente e húmido) podem corroborar este comportamento. Em ambos os locais, estas formas de pátio central podem proporcionar boas situações de conforto humano em vários lados e níveis do pátio (Khajehzadeh, et al., 2016).

Consequentemente, os residentes podiam deslocar-se dentro de casa com as estações do ano para obterem o nível de conforto térmico desejado, mas estes padrões tradicionais de movimento diferem consoante a zona climática (Khajehzadeh, et al., 2016).

As várias funções do pátio incluem os 7 critérios seguintes:
- Como sinal de propriedade privada: o pátio central funciona como um ambiente aberto e mantém a privacidade através de diferentes aplicações.
- Unificador dos diferentes elementos de uma casa: de facto, o pátio, como componente transversal, liga os diferentes elementos espaciais de uma casa, incluindo alpendres, quartos, armários e corredores.
- Como conetor de vários espaços: ao criar um ambiente contínuo e vasto no centro da casa, o pátio liga todos os elementos físicos e desempenha um papel de conetor.
- Como um ambiente exuberante e animado: para além da plantação de árvores floridas nos pátios, foram por vezes plantadas árvores de citrinos e de fruto, chamadas narenjestani (em persa).
- Como um local seguro e calmo para confortar as famílias: as pessoas realizam geralmente as suas actividades diárias no pátio e este é um local totalmente privado para a família.
- Como ventilador artificial para a circulação de ventos favoráveis: o desempenho climático do pátio é uma das principais características dos pátios no centro do Irão. O Godal baghcheh (em

persa) era uma das formas eficazes de controlar o calor insuportável do verão. De facto, ao baixar o nível do pátio em relação ao beco, os arquitectos iranianos utilizaram a temperatura fresca poupada durante a noite para criar conforto durante o dia.
- Como elemento importante na organização dos diferentes espaços (Amiriparyan & Kiani, 2016).

8.6 A tipologia das casas com pátio nas cidades de Isfahan, Shiraz e Yazd De um modo geral, as casas nas cidades centrais do Irão são de tipo introvertido. A casa introvertida refere-se às casas que se formaram em vários espaços à volta de um pátio central. A introversão tende para os estados interiores e é uma forma de evitar mostrar as condições externas. Por outras palavras, um pátio central com um padrão de introversão desempenha um papel fundamental no estabelecimento do conforto ambiental e térmico nas estações quentes do ano e tem sido amplamente utilizado pelos arquitectos (Amiriparyan & Kiani, 2016).

Em geral, um pátio central na região central do Irão pode ser classificado de diversas formas.
Em termos de exigências espirituais e físicas, o pátio central é classificado em três *grupos, como se segue".*

A) Narenjstani (em persa): este pátio é utilizado numa pequena dimensão para a plantação de citrinos.
B) Biruni (pátio dos homens) (em persa): Este pátio era semi-privado e era dedicado a convidados e estranhos, tendo geralmente uma forma quadrada ou retangular.
C) Andaruni (em persa): este pátio com formas quadradas e rectangulares é um local privado para a família (Amiriparyan & Kiani, 2016).

A composição do pátio pode ser dividida com base na tipologia das cidades tradicionais do Irão, como Isfahan, Shiraz e Yazd, durante os séculos XVII e XIX d.C., em alguns grupos, como se segue:

A) A tipologia do pátio nas casas com pátio.
B) A tipologia do pátio nas casas com dois pátios.

C) Os centros dos pátios são paralelos e adjacentes uns aos outros.

- Os centros dos pátios são paralelos, mas não contíguos.

-Os cubos dos pátios são perpendiculares entre si.

D) Tipologia do pátio nas casas com mais de dois pátios:

Basicamente, nas casas com mais de dois pátios, o padrão de organização do vácuo é uma combinação dos modelos quádruplos de casas com pátio duplo acima referidos e é possível generalizar este padrão às cidades estudadas (Amiriparyan & Kiani, 2016).

1.7 A natureza do espaço de vácuo
Basicamente, o espaço de vácuo (pátio central) como entidade contínua e organizadora, tem homogeneidade na hierarquia espacial das casas tradicionais da região central do Irão. Por outras palavras, o pátio central, como elemento indissociável, tem tido um papel fundamental e estrutural nas escalas macro, média e micro das cidades, sectores e edifícios, respetivamente, nas cidades de Isfahan, Shiraz e Yazd, e, do mesmo modo, como elemento recorrente, introduziu o conceito de vazio como parte fundamental de um sistema abrangente de desenvolvimento urbano.

Os pátios centrais no sistema tradicional de planeamento urbano em grande escala no Irão funcionam como uma rede de grelhas de vácuo; a cidade levou à demarcação de áreas semânticas e funcionais e, em última análise, à legibilidade da estrutura física da cidade. Assim, esta grelha espacial de vácuo funciona como um organizador no micro sistema de edifícios e, em particular, nas pequenas casas tradicionais no Irão, e todos os elementos espaciais da casa são formados em torno do vácuo (ou seja, o pátio central) e, em caso de eliminação do pátio, a organização espacial da casa é perturbada (Amiriparyan & Kiani, 2016).

A relação de vácuo como componente homogénea do sistema de organização global da casa:
Na estrutura da casa, o pátio, como componente de um todo integrado, tem uma estrutura homogénea e vai reforçar e complementar a organização espacial. Para compreender a relação entre os componentes do sistema de organização das casas iranianas, é necessário reconhecer a relação entre os componentes. Assim, basicamente, a relação entre as partes e o todo em cada sistema de organização espacial está sujeita a vários factores, como a forma, o material, o tamanho, a cor, a função e o conteúdo. Essencialmente, na relação entre os componentes e um todo unificado, se um componente for diferente dos outros componentes em um ou mais aspectos, torna-se um componente especial, e assim será distinto do todo, e actua como uma parte independente num sistema de organização. Entre os factores que podem causar uma relação mútua entre o todo e a parte, a forma é o determinante mais importante, e por uma mudança relativa da forma, as semelhanças formais entre os componentes e o todo tornam-se fracas, e por uma mudança substantiva na sua estrutura, esta semelhança desaparece completamente (Amiriparyan & Kiani, 2016).

Assim, a relação entre a parte e o todo, de um componente integrado e homogéneo, tende para uma independência de um componente com uma natureza diferente. Tendo em conta o conceito de "semelhança na forma", a uniformidade entre componentes (em qualquer combinação) faz com que um componente apareça independente mais cedo num todo. Em contrapartida, qualquer que seja o componente em si, a organização mais completa torna-se uma série de elementos díspares e estará mais afastada de um todo homogéneo. De facto, qualquer que seja a forma mais incompleta e não independente, será mais facilmente integrada num todo. Nestas circunstâncias, se um elemento é completo e independente, tem tendência a manter a sua integridade também numa série, e a sua integração num grupo de elementos semelhantes será mais difícil. Em geral, os elementos inacabados renunciam à sua independência em benefício do conjunto. Assim, a estrutura comum das casas tradicionais no Irão reforça a relação homogénea entre o vazio (pátio central) como parte não independente e incompleta no sistema de organização abrangente das casas tradicionais iranianas (Amiriparyan & Kiani, 2016).

1.8 Como ligar os componentes de uma organização
A forma de localizar e estabelecer o pátio nas casas tradicionais do Irão representa uma relação contínua e homogénea entre o vácuo como componente homogéneo num todo homogéneo. Por conseguinte, em geral, no sistema de combinação de dois elementos espaciais, a conetividade dos componentes que vão de formas independentes a formas dependentes e homogéneas segue um dos seguintes modos

A. Os componentes estão ligados entre si de forma concêntrica e criam uma homogeneidade formal.
B. Os componentes estão ligados entre si de forma sobreposta e transversal e por uma relação limitada e comum
C. Os componentes estão ligados entre si por uma vizinhança comum.
D. A relação entre os componentes é conseguida através de um terceiro espaço.

Nos padrões quádruplos acima referidos, mais separação entre componentes, mais independência entre componentes. Nesta situação, essa parte específica de um espaço espacial homogéneo atinge uma maior distância (Amiriparyan & Kiani, 2016).
Por conseguinte, o pátio, enquanto elemento espacial (um componente), está em comunicação direta e bilateral com outros elementos da casa, como o alpendre, o talar (um espaço fechado

utilizado nas estações quentes), o she-dari (quarto de dormir), o panj-dari (sala de estar) e outras áreas. Tendo características físicas como conceito de vácuo, o pátio central tem também algumas características semânticas e, num sistema abrangente, com o desenvolvimento de uma relação funcional-semântica com outras áreas como relação interna, o pátio pode criar uma integração espacial na continuidade de outros elementos espaciais em todo o sistema de organização.

De facto, na hierarquia do espaço da casa, o pátio está numa relação de reciprocidade com os outros elementos e cria um continuum espacial contínuo. Por outras palavras, ao criar um vazio central no corpo da casa e no meio de todos os elementos espaciais, o pátio, enquanto componente da organização espacial da casa, é o início e o fim de todas as actividades num sentido funcional e semântico (Amiriparyan & Kiani, 2016).

1.9 Espaço aberto, semi-aberto e fechado no pátio da arquitetura tradicional iraniana Não é possível compreender a natureza homogénea do pátio sem analisar as características da estrutura espacial dos elementos circundantes. É também de salientar que, no espaço das casas tradicionais, existe uma relação contínua e de colaboração entre os elementos espaciais que leva à formação de uma relação homogénea e contínua na hierarquia do ambiente doméstico. Esta relação contínua é o resultado da ligação entre um padrão espacial triplo que inclui espaços abertos, semi-abertos e fechados. Neste padrão espacial, por exemplo, os espaços abertos incluem os pátios, os espaços semi-abertos incluem o alpendre e o talar e os espaços fechados incluem o sehdari e o panjdari, a cozinha e os armários. É de notar que a caraterística homogénea do pátio é formada por uma comunicação contínua na continuação dos espaços abertos e fechados, e esta homogeneidade cria um espaço espacial integrado. No corpo da casa, os padrões abertos, semi-abertos e fechados, constantemente num processo eficaz, espalham o seu desempenho noutro espaço, e a natureza de todos os lugares cria uma verdadeira emoção de transição (movimento) e receção (pausa) no público.

Nas casas iranianas, a passagem de um espaço fechado para outro repete-se continuamente sem qualquer interrupção espacial, porque o edifício é combinado numa teia e trama contínuas e densas. Os arquitectos iranianos tentaram fazer passar o homem de um espaço sem fronteiras para uma massa sólida. Na arquitetura tradicional iraniana, o homem avança continuamente num espaço vasto e ondulado que é constantemente único. De facto, os espaços abertos, semi-abertos e fechados têm uma dupla função, ou seja, "tanto criam o processo como são o produto do processo". Nesta relação contínua entre o pátio e os outros elementos da casa, a continuidade espacial nunca é quebrada, e o fluxo espacial continua sempre e sempre. Por outro lado, a relação entre os espaços nas casas tradicionais, de um pequeno orifício de acesso, converteu-se numa abertura espacial, o que conduziu a uma transparência espacial funcional entre os diferentes espaços. O alpendre é a primeira forma de abertura espacial na arquitetura iraniana. A estrutura semiaberta do espaço Ivan numa relação de cooperação mútua continua a manter a natureza espacial-funcional do pátio e a tornar-se parte do pátio (Amiriparyan & Kiani, 2016).

Todos os componentes da casa iraniana, incluindo o pátio, enquanto elementos participativos, participam numa relação bidirecional e contínua na construção de um todo integrado. Por conseguinte, basicamente, o fator importante numa casa tradicional em termos de participação semântico-funcional é a relação entre as partes e não a natureza ou a totalidade dos componentes. Isto porque a relação entre as formas e os elementos num sistema abrangente (espacial) é distinta da essência dos componentes e é conseguida através da sua relação recíproca. Por conseguinte, pode argumentar-se que, nas estruturas espaciais, a equação final dos componentes não resulta apenas da adjacência e da proximidade dos componentes, mas também das regras espaciais.

Com base nesta abordagem, a relação entre os elementos de um agregado familiar iraniano pode ser mais bem analisada com base na ordem topológica do que na ordem geométrica. Com base neste princípio, a organização primária neste sistema de organização contribui para criar centros ou lugares (com base na proximidade), direção (com base na continuidade) e regiões ou áreas (com base no confinamento), sendo os três itens o resultado de uma ordem e relação tipológica (Amiriparyan & Kiani, 2016).

Para explicar a proximidade espacial, o arquiteto iraniano Nader Ardalan utiliza a "conetividade espacial" para expressar a relação entre elementos espaciais na arquitetura tradicional iraniana e considera que a conetividade espacial na arquitetura iraniana segue o padrão semântico básico de ligação, transmissão e receção. No que diz respeito aos princípios de ordem topológica acima referidos, deve notar-se que os pátios, enquanto espaços abertos, se tornaram uma conetividade homogénea e não cruzada através da utilização de uma série de proximidades semi-abertas e fechadas numa ligação contínua. Através da conetividade de espaços abertos, semi-abertos e fechados, estas relações levaram ao desenvolvimento da integração espacial em todo o sistema espacial das casas tradicionais no Irão (Amiriparyan & Kiani, 2016).
Como descrito, o pátio é um elemento cuja natureza se forma numa relação recíproca com os seus elementos periféricos, e como elemento vazio faz parte do sistema hierárquico homogéneo da casa. Este espaço homogéneo e vazio, como célula espacial orientada para o centro, actua no coração da casa como um centro sério e eficaz.
Entretanto, cada centro comporta-se como uma base estrutural do campo de forças. Assim, na estrutura espacial da casa, o pátio, com o mesmo papel de um quadrado espacial, conduz a uma interação gravitacional nas áreas. Nas casas tradicionais iranianas, as fronteiras internas sempre funcionaram como um elo de ligação e são basicamente do tipo de fronteiras virtuais. Estas fronteiras têm características físicas e semânticas únicas que não têm um limite absoluto e completo; noutro sentido, podem ser consideradas como uma terceira área, limiares flexíveis ou suaves. O limiar actua entre dois espaços arquitectónicos idênticos e não idênticos como uma área de transição e, ao proporcionar um modelo flexível, conduziria à combinação, continuidade e separação dos espaços. Para além de determinar e controlar o território de propriedade, o limiar tem a função de receber e interpretar informações e actua como separador e conetor e como área de transição na organização espacial das casas. Através de limiares indefinidos, os domínios espaciais do pátio entram noutros domínios funcionais, como o alpendre, e o pátio será parcialmente ocupado por outros domínios funcionais. Esta relação é alargada e transferida para outros espaços, incluindo salas, de forma transitória e contínua e, finalmente, para outros pátios, e todos os elementos espaciais de uma estrutura homogénea actuam de forma sistemática com a centralidade dos pátios centrais. De um modo geral, os limiares espaciais, como as fronteiras, podem ser divididos em dois tipos diferentes, os limiares reais e os virtuais (Amiriparyan & Kiani, 2016).

Os limites reais nos espaços arquitectónicos criam áreas espaciais definidas e imutáveis e causam confinamentos relacionais entre dois domínios espaciais diferentes. No entanto, a eliminação dos constrangimentos físicos e a criação de fronteiras virtuais e relativas conduzem à participação mútua dos espaços.
O espaço de vácuo nas casas iranianas, enquanto domínio espacial com limiares virtuais, leva à penetração do seu domínio funcional noutros espaços e estende a sua influência a outras áreas.
De facto, neste sistema espacial, o pátio tem uma natureza dupla. Por um lado, manteve a sua natureza funcional semântica no papel de pátio e, por outro lado, ao penetrar em domínios funcionais periféricos, levou ao desenvolvimento da cooperação bilateral de outros domínios espaciais e causou a formação de um sistema abrangente e uniforme na organização espacial (Amiriparyan & Kiani, 2016).
A formação e o desenvolvimento da caraterística homogénea do pátio no sistema de organização espacial da casa é o resultado de uma série de características estruturais e espaciais, de tal forma que os componentes homogéneos, incluindo o pátio, se tornaram parte do conjunto num todo integrado e numa forma incompleta, e apesar da relação contínua de espaços abertos, semi-abertos e fechados através de relações topológicas e limiares virtuais, a relação entre todos os espaços e também os pátios é facilitada.

Em geral, apesar da centralidade estrutural da casa e de ter relações unificadas com os seus elementos periféricos, o pátio desenvolve a homogeneidade espacial através de fronteiras virtuais e cria um padrão abrangente e contínuo no sistema de casas tradicionais no centro do Irão. De facto, a casa, enquanto unidade mais pequena do sistema de planeamento urbano abrangente do Irão, faz parte do modelo urbano integrado e homogéneo que desenvolve um padrão de fluxo espacial desde o sistema de organização urbana até à unidade urbana mais pequena. Este padrão pode ser alargado a todos os elementos físicos urbanos e representa um padrão abrangente em todo o sistema da arquitetura tradicional iraniana (Amiriparyan & Kiani, 2016).

CAPÍTULO 9

Turismo, segunda habitação e desenvolvimento rural

O turismo pode ser definido como uma forma de viagem de regresso voluntário, muitas vezes orientada para o lazer, mas que também inclui visitas a amigos e parentes (VFR), viagens de negócios e de convenções, e viagens de curta duração para fins de educação e saúde. Embora o turismo tenha sido tradicionalmente definido em termos de dormidas e/ou ausência do ambiente doméstico por mais de 24 horas, as mudanças nas tecnologias de viagem, bem como nos conceitos e estatísticas do turismo, significaram que as viagens de um dia se tornaram uma categoria reconhecida de turismo. No turismo, procuramos, portanto, encorajar o desenvolvimento económico, promovendo o consumo económico fora do ambiente da residência permanente. Embora muito tenha sido escrito sobre o tema da mudança do carácter das zonas rurais, da agricultura e do campo, relativamente pouco foi escrito sobre as ligações entre o lazer, o turismo e os elementos sociais, culturais e económicos das zonas rurais e periféricas. Isto é surpreendente, tendo em conta a ênfase substancial colocada nos potenciais impactos económicos do turismo por si só e a hipérbole que muitas vezes rodeia o desenvolvimento do turismo nas regiões rurais, como a afirmação da Organização Mundial do Turismo "O turismo rural em socorro das zonas rurais da Europa" Apesar do vasto planeamento da habitação rural nos últimos anos no Irão e do enorme orçamento atribuído a esta preocupação, a tendência da construção de habitação rural não tem sido satisfatória, de acordo com a opinião dos peritos. Esta falta de desejabilidade diz respeito a diferentes dimensões do problema, desde a satisfação das necessidades físicas e imateriais dos habitantes das zonas rurais até à preservação da identidade das suas povoações e à manutenção da sua continuidade histórica. Os esforços empreendidos no desenvolvimento da habitação rural foram, na sua maioria, unidimensionais, ou seja, não consideraram todos os aspectos relacionados com o desenvolvimento da habitação nas zonas rurais. Uma análise das experiências e dos documentos escritos relacionados confirma a falta de uma conceção multilateral no desenvolvimento da habitação rural. É extremamente importante notar a falta de um programa geral holístico que considere diferentes aspectos efectivos na formação da habitação rural e, simultaneamente, apresente um mecanismo ou sistema com a ajuda do qual seria possível ter uma visão geral e multi-aspeto sobre todas as decisões de planeamento e executivas relacionadas com o objetivo principal de seleção da melhor opção disponível, considerando todas as variáveis que influenciam a seleção. Ao estudar, em primeiro lugar, os conceitos teóricos de base relacionados com o tema principal, nomeadamente o turismo e o desenvolvimento rural, foi desenvolvido um quadro concetual com base no qual o tema principal pode ser definido e especificado posteriormente no processo, tendo em conta o quadro de referência dos estudos de caso (Michael Hall. N.D) & (Mahdavi, et al. 2008) & (Golmohammadi, 2013).

De acordo com a teoria de "Mazlo" - através da qual também foi analisada a satisfação do desejo do ponto de vista dos moradores - a satisfação das necessidades humanas nos seus níveis mais elevados exige, em primeiro lugar, a satisfação das necessidades que proporcionam conforto e segurança aos moradores.

Na sociedade rural atual, a maioria dos habitantes tem problemas em satisfazer as condições primárias de vida desejáveis nas suas casas. Uma vez que esta privação é, até certo ponto, relativa, foi alargada com o crescimento da comunicação dos habitantes das aldeias com as sociedades modernas através dos meios de comunicação social e das viagens de ida e volta para as cidades e com uma maior compreensão da sua privação. Por outras palavras, a privação relativa dos habitantes no que diz respeito às condições primárias de uma vida desejável aumentou. Assim, a atenção dos aldeões tem-se concentrado na satisfação de necessidades muito primitivas e não têm sido capazes de responder a necessidades de nível mais elevado, como a atenção à preservação do ambiente, que é uma dessas necessidades mais elevadas. Tendo em conta a importância das necessidades primárias e os seus efeitos profundos na vida dos habitantes, seria dada prioridade aos factores que são mais eficazes na satisfação das condições primárias de vida. Por outro lado, o fosso social na sociedade rural fez com que o inconsciente coletivo que outrora orientava todas as actividades na sociedade rural se desvanecesse. Muitos conceitos, como o respeito pela natureza e a crença nela como mãe e leito para a reprodução da vida, faziam parte das crenças sustentáveis dos habitantes, que tinham origem no seu inconsciente coletivo. Mas esta crença empalideceu hoje em dia entre os colonos, de tal forma que a preservação do ambiente natural e a inibição da sua perturbação não é um fator determinante na opinião da nova geração de habitantes da aldeia. Esta perspetiva do ambiente natural ser encarado como a "fonte de energia reservada" com a única relação entre a natureza e o homem, uma relação de consumo, é a realização à escala global que está a ser introduzida das cidades para a vida nas aldeias. A necessidade de regressar à natureza e tentar preservá-la é um requisito para a sobrevivência humana que se coloca atualmente nas sociedades de consumo de origem tecnológica onde a natureza é apenas conhecida como a fonte de energia reservada, mas uma vez que as sociedades rurais não atingiram o ponto de autoconsciência, nesta preocupação, a preservação do ambiente não é, portanto, conhecida como uma necessidade determinante que se qualifica para a priorização, nas sociedades rurais, como este problema é visto também nas sociedades urbanas em geral (Golmohammadi, 2013).

A terceira razão que pode ser uma das origens desta distinção (de prioridades) é a diferença entre valores sociais e factores estéticos aos olhos dos habitantes. A casa desejada pelos habitantes das aldeias é aquela que é semelhante às casas urbanas ou que, pelo menos, tem alguns sinais ou elementos que se vêem nas casas urbanas. Este problema é mais explícito nas aldeias que têm mais comunicação com as cidades.

Na opinião da maioria dos habitantes das sociedades rurais actuais, a casa desejável é aquela que está em harmonia com os modelos urbanos, mas as habitações que são repetitivas ou próximas dos modelos nativos não são valorizadas. Esta questão faz com que o fator "resistência cultural", em que a proteção da identidade nativa e da aparência física nativa está entre os seus componentes de medição, não tenha prioridade para os habitantes. Isto acontece enquanto a conservação da aparência nativa nas aldeias é tão importante para os especialistas e as preocupações com a extinção dos modelos nativos, o seu crescente desvanecimento e a sua heterogeneidade com a aparência rural, do ponto de vista da atração turística, estão a aumentar. Esta questão não tem sido um problema para os habitantes das aldeias e, basicamente, os habitantes não têm qualquer preocupação com esta tendência (Raheb & Alalhesabi. 21-23 de novembro de 2008) & (Golmohammadi, 2013).

CAPÍTULO 10

A construção do turismo no espaço rural dos países desenvolvidos

A noção de rural é difícil de definir. Em termos internacionais, não existem termos técnicos universalmente aceites para definir o que é rural e urbano. Os diferentes países utilizam parâmetros de dimensão ou distância diferentes. No mundo desenvolvido, a noção de turismo rural de muitas pessoas ocorre, de facto, dentro da zona de viagem de um dia do interior urbano recreativo. Esta zona é a fronteira entre o rural e o urbano, sendo o mercado impulsionado pelos recreativos urbanos. Além disso, esta zona é também substancialmente utilizada por outros colonos que vivem nesta zona periurbana (periferia urbana) mas que se deslocam para a zona urbana para trabalhar, bem como por aqueles que procuram uma segunda casa facilmente acessível para passar o fim de semana ou a noite. A zona periurbana, próxima dos centros urbanos, é principalmente uma zona de excursões e é determinada pela distância que pode ser percorrida confortavelmente de automóvel de um centro urbano para um local de atividade e depois regressar ao ambiente doméstico do turista. Esta zona é também a mesma localização para as segundas residências que têm uma função de "weekender" ou de "weekend". Devido à intensidade de utilização da franja urbana, esta é frequentemente considerada como um local de conflito considerável entre migrantes com estilo de vida, turistas (incluindo excursionistas), segundas habitações e residentes mais permanentes. Em termos de turismo, o "verdadeiro" espaço rural é aquele que se situa para além da zona de excursão, pois é aqui que as dormidas se tornam essenciais para os viajantes e, por conseguinte, existem diferenças qualitativas e quantitativas na natureza do turismo, incluindo o número de pessoas que viajam para essas zonas.

As construções da ruralidade desempenham, portanto, um papel vital não só na determinação da taxa de mudança no campo, mas também na forma como os turistas vêem o país e como a comunidade rural se vê a si própria (Golmohammadi, 2013).

Para além das dificuldades em definir a noção de rural em termos demográficos ou espaciais, há que ter em conta que a ideia de ruralidade foi também construída socialmente, nomeadamente sob a influência dos meios de comunicação social.

No final do século XX, os meios de comunicação social continuaram a retratar imagens de uma vida rural mais simples para o seu público essencialmente urbano, através da televisão (por exemplo, All Creatures Great and Small [a série televisiva dos livros de James Herriot sobre a vida veterinária nos Yorkshire Dales]), da rádio (The Archers, 'An everyday story of simple country folk') e de revistas sobre estilos de vida (por exemplo, Country Life, Country Style). No entanto, no final do século XX e no início do século XXI, com a compressão tempo-espaço, as imagens rurais de fora da Grã-Bretanha estão a exercer uma maior influência da imagem rural romantizada a uma escala mais alargada. Por exemplo, a Provence idealizada dos livros de Peter Mayle e o subsequente programa de televisão, A Year in Provence; livros e programas de culinária da Itália rural apresentados por chefs famosos, por exemplo, Antonio Carluccio, Rick Stein; e a promoção de uma imagem limpa e verde da Nova Zelândia. No entanto, a ruralidade contemporânea não é consumida apenas através dos media. Elementos do campo, reais ou imaginários, são também transportados para as zonas urbanas através do crescimento de lojas especializadas em mobiliário e artigos domésticos "caseiros" e "patrimoniais", por exemplo, utensílios de cozinha e artigos de cestaria, através dos quais os habitantes das cidades conseguem trazer o campo para a cidade em formas simbólicas e, por vezes, funcionais (Golmohammadi, 2013).

Além disso, a relação com os lugares rurais é também reforçada pelo consumo de produtos geograficamente designados, como o azeite da Toscana e o vinho de Marlborough. O espaço rural é uma paisagem cultural em que as ideias de ruralidade são socialmente construídas e não é apenas uma questão académica, embora, à primeira vista, possa parecer que sim. Pelo contrário, grande parte dos conflitos em matéria de planeamento e desenvolvimento que ocorrem nas zonas rurais prendem-se com a noção socialmente construída pelas pessoas sobre o que é adequado em determinados locais e não noutros. Apesar das tentativas de alguns para eliminar o rural e do reconhecimento crescente de que tanto as zonas urbanas como as rurais estão sujeitas às mesmas transições globais nas estruturas económicas, políticas e sociais, as noções de "rural" e de ruralidade continuam a ser importantes não só para a vida quotidiana das pessoas na cidade e no campo, mas também para os planeadores e decisores políticos. As categorias de ruralidade e de consumo e produção rural são, portanto, essenciais para fornecer o contexto em que o turismo ocorre. O turismo, juntamente com outras formas de consumo, como o vinho e a comida, depende frequentemente da comercialização de um idílio rural para atrair visitantes e investimentos (Golmohammadi, 2013).

Embora seja talvez irónico que o turismo rural apareça baseado em imagens de uma paisagem rural imutável, mais simples e sem problemas, quando a realidade tem sido de mudança, embora, reconhecidamente, a mudança tenha sido desigual e tenha assumido diferentes formas e tenha ocorrido em diferentes escalas e em diferentes momentos em diferentes áreas rurais. Além disso, dada a sua importância na determinação dos fluxos turísticos e dos padrões de desenvolvimento turístico, é também talvez irónico que a grande maioria da investigação sobre o turismo rural não tenha compreendido os meios pelos quais o rural é criado e vendido tanto ao visitante como ao local.

A mudança no campo e a promoção da imagem do lugar reflectem, portanto, as mesmas mudanças nacionais e internacionais nas estruturas económicas, políticas e sociais que as áreas urbanas.

Os processos de imagiologia rural são caracterizados por algumas ou todas as seguintes características:

• O desenvolvimento de uma massa crítica de atracções e instalações para visitantes (por exemplo, o desenvolvimento de sítios patrimoniais);
• Acolhimento de eventos e festivais (por exemplo, Highland Games ou eventos baseados em produtos, como festivais de vinho e de comida);
• O desenvolvimento de estratégias e políticas de turismo rural frequentemente associadas a organizações regionais de turismo novas ou renovadas e o desenvolvimento relacionado de campanhas regionais de marketing e promoção (por exemplo, "Hardy Country" ou "Herriot Country" em Inglaterra);
• O desenvolvimento de serviços e projectos culturais e de lazer para apoiar o esforço regional de marketing e turismo (por exemplo, a criação e renovação de museus regionais, edifícios classificados como património e apoio às artes e ofícios locais);
• A manutenção da ruralidade da paisagem, muitas vezes através do apoio a sistemas de produção económica que, de outra forma, deixariam de ser economicamente viáveis; e

• Incentivo ao desenvolvimento de segundas habitações em zonas com excesso de parque habitacional (Michael Hall. N.D) & (Golmohammadi, 2013).

CAPÍTULO 11

Turismo nas zonas periféricas

Para efeitos de planeamento do turismo, as zonas periféricas são as que se situam para além da zona de viagem de um dia dos grandes centros urbanos. As zonas periféricas são caracterizadas por uma série de características inter-relacionadas que têm impacto no desenvolvimento do turismo, bem como de outros sectores industriais:

1. As zonas periféricas tendem a não ter um controlo político e económico efetivo sobre as principais decisões que afectam o seu bem-estar. São particularmente susceptíveis aos impactos da globalização e reestruturação económica através da eliminação de direitos aduaneiros e do desenvolvimento de regimes de comércio livre.
2. As zonas periféricas, por definição, estão geograficamente afastadas dos mercados de massas. Este facto implica não só um aumento dos custos de transporte de e para as zonas centrais, mas pode também aumentar os custos de comunicação com os fornecedores e o mercado.
3. As ligações económicas internas tendem a ser mais fracas na periferia do que no centro, limitando assim potencialmente a capacidade de obter efeitos multiplicadores elevados devido ao grau substancial de importação de bens e serviços.
4. Na sociedade contemporânea, os fluxos migratórios tendem a deslocar-se da periferia para o centro. Esta é uma questão importante para muitas regiões periféricas e rurais devido ao impacto que pode ter não só na população absoluta de uma determinada zona, mas também no seu perfil. Por exemplo, os fluxos migratórios tendem a ser constituídos por pessoas mais jovens que procuram melhores oportunidades de emprego e educação para si próprios e/ou para os seus filhos. A perda de membros mais jovens das comunidades pode então ter efeitos de fluxo em termos de encerramento de escolas, reforçando assim ainda mais este ciclo vicioso de emigração. Além disso, a emigração pode também conduzir a uma perda de capital intelectual e social. No entanto, em algumas zonas periféricas, pode ocorrer uma nova forma de imigração no que respeita à reforma e ao desenvolvimento de segundas residências, embora esta tenda a ocorrer em relação a grupos etários mais velhos. Em algumas situações, embora tais desenvolvimentos possam injetar capital económico e humano nas áreas periféricas, podem também colocar mais pressão sobre os serviços sociais e de saúde (Golmohammadi, 2013). (Ver figuras 76 a 90).

02/27/2012 16:13

Números. 76 - 90. Estabelecimento de segundas habitações modernas em regiões rurais e ao lado de um antigo Kanat deste habitat na aldeia de Rech, a 25 km de Birjand, centro da província de Khorasan do Sul (Pelo autor, 23 e 27 de janeiro de 2013).

5. Tem-se argumentado que as periferias tendem a ser caracterizadas por uma falta comparativa de inovação, uma vez que os novos produtos tendem a ser importados em vez de serem desenvolvidos localmente, embora esta perceção seja altamente contestada.

6. Devido às dificuldades económicas sentidas pelas regiões periféricas, o Estado nacional e local pode ter um papel mais intervencionista do que nas regiões centrais. Isto é ilustrado através da

criação de agências de desenvolvimento económico local, do desenvolvimento de regimes especiais de subvenções para as zonas periféricas, como no caso da União Europeia, e/ou de programas de subsídios agrícolas.

7. Os fluxos de informação dentro da periferia e da periferia para o núcleo são mais fracos do que os do núcleo para a periferia. Estes fluxos de informação podem ter implicações para a tomada de decisões políticas e económicas nas regiões centrais, bem como para uma perceção mais ampla do lugar, dadas as dificuldades que podem existir para mudar as imagens existentes da periferia.

8. As regiões periféricas conservam frequentemente valores estéticos elevados devido ao facto de estarem relativamente subdesenvolvidas em relação às zonas centrais. Estes valores naturais elevados podem não só servir de base para o desenvolvimento do turismo baseado na natureza, como também podem ser significativos para outros tipos de turismo e de lazer, como o associado às casas de férias.

Infelizmente, muitas das expectativas de desenvolvimento económico a longo prazo geradas pelo apoio governamental ao turismo nas zonas periféricas não se concretizaram. De facto, o clima político tem sido pouco crítico em relação a uma série de questões. Podem ser apontadas várias razões para este facto. Talvez a mais importante seja a tendência de muitas agências governamentais de desenvolvimento, associações da indústria do turismo e consultores para não verem o turismo no contexto mais alargado do desenvolvimento. O mais significativo é que, embora os programas governamentais recentes tenham procurado resolver os problemas e desequilíbrios periféricos através de programas de desenvolvimento do turismo local e/ou regional, simultaneamente, muitos governos adoptaram políticas económicas restritivas que agravaram as dificuldades das áreas periféricas em se adaptarem à reestruturação económica e social (por exemplo, através da centralização dos serviços de saúde e de transportes). Nesses casos, os decisores políticos parecem estar a debater-se com prioridades nacionais versus prioridades locais (por exemplo, a reestruturação e a desregulamentação da agricultura e de outras indústrias versus a concessão de subsídios), um ponto que também levanta a questão do conflito entre os valores e os objetivos do Estado-nação em oposição ao Estado local (Gohnohammadi, 2013).
Uma segunda razão para a relativa falta de sucesso do desenvolvimento do turismo nas zonas periféricas é que os decisores políticos também são confrontados com informação inadequada (e por vezes enganadora) sobre as questões das zonas periféricas e, por conseguinte, com uma capacidade limitada para identificar instrumentos políticos adequados para selecionar, promover e apoiar indústrias e outras capacidades produtivas como alternativas viáveis e sustentáveis. De facto, uma série de indústrias, e não apenas o turismo, parecem apresentar oportunidades para diversificar a base económica das zonas periféricas e para travar a fuga e a transferência de mão de obra e capital (e, consequentemente, de serviços comunitários e infra-estruturas) das economias periféricas. No entanto, algumas formas de desenvolvimento do turismo e a concentração em mercados específicos podem, na verdade, excluir outras alternativas de desenvolvimento que podem ser de natureza mais extractiva. De facto, em alguns casos de maximização do desenvolvimento económico na periferia, a melhor forma de turismo pode muito bem ser a ausência de turismo. O Quadro 1 apresenta algumas das medidas macro e microeconómicas que o Estado pode utilizar para intervir na política de desenvolvimento regional.

Uma terceira razão para o fracasso das políticas é o facto de as expectativas iniciais em relação ao turismo como meio de desenvolvimento regional serem demasiado elevadas. Este é, sem dúvida, o caso particular do turismo baseado na natureza que, quase por definição, tende a ser de muito pequena escala, muitas vezes altamente sazonal, e não consegue atrair o grande número de turistas caracterizado pelo turismo de lazer de massas. De facto, o realismo político parece muitas vezes faltar no que diz respeito ao turismo baseado na natureza (ecoturismo).

No entanto, à escala local, estes desenvolvimentos podem ainda ser extremamente significativos, permitindo a manutenção da população e do estilo de vida e, possivelmente, até um pequeno crescimento, embora não as melhorias dramáticas que muitas regiões e os seus políticos procuram. Uma das maiores dificuldades no desenvolvimento do turismo em áreas periféricas é compreender os factores que levam as empresas de turismo a localizarem-se com sucesso, bem como os meios pelos quais o governo pode intervir para ajudar a localização e o desenvolvimento de empresas como parte de uma estratégia de desenvolvimento regional mais ampla.

Claramente, se as empresas turísticas forem propriedade pública, como é comum em alguns dos países nórdicos, então algumas das pressões comerciais que influenciam a localização da empresa em condições óptimas de mercado, em oposição às condições óptimas sociais ou locais, podem ser resistidas. No entanto, dadas as filosofias contemporâneas relativas ao papel adequado do Estado no que respeita à propriedade das empresas, mesmo as empresas públicas detidas a 100% terão normalmente de proporcionar um retorno financeiro ao governo. Uma terceira razão para o fracasso da política é o facto de as expectativas iniciais em relação ao turismo como meio de desenvolvimento regional serem demasiado elevadas. Este é, sem dúvida, o caso particular do turismo baseado na natureza que, quase por definição, tende a ser de muito pequena escala, muitas vezes altamente sazonal, e não consegue atrair o grande número de turistas caracterizado pelo turismo de lazer de massas. De facto, o realismo político parece muitas vezes faltar no que diz respeito ao turismo baseado na natureza (ecoturismo). No entanto, à escala local, estes desenvolvimentos podem ainda ser extremamente significativos, permitindo a manutenção da população e do estilo de vida e, possivelmente, até um pequeno crescimento, embora não as melhorias dramáticas que muitas regiões e os seus políticos procuram. Uma das maiores dificuldades no desenvolvimento do turismo em áreas periféricas é compreender os factores que levam as empresas de turismo a localizarem-se com sucesso, bem como os meios pelos quais o governo pode intervir para ajudar a localização e o desenvolvimento de empresas como parte de uma estratégia de desenvolvimento regional mais ampla. Claramente, se as empresas turísticas forem propriedade pública, como é comum em alguns dos países nórdicos, então é possível resistir a algumas das pressões comerciais que influenciam a localização das empresas em condições óptimas de mercado, por oposição a condições óptimas sociais ou locais. No entanto, dadas as filosofias contemporâneas relativas ao papel adequado do Estado no que respeita à propriedade das empresas, mesmo as empresas públicas detidas a 100% terão normalmente de proporcionar um retorno financeiro ao governo (Michael Hall. N.D) & (Golmohammadi, 2013). (Ver figuras. 91-110).

Números. 91 - 102. Segundas habitações modernas e dispendiosas construídas nos últimos 8 anos na aldeia de Hendevallan (acima à esquerda - 70 km de Biijand. 3 de maio de 2013) e na aldeia de Khorashad (todas as imagens, exceto acima à esquerda - 35 km de Biijand. 2 de janeiro de 2013), como é óbvio nas imagens, muitas destas segundas habitações foram construídas sobre uma colina e terras agrícolas e de recursos naturais e, como o autor estudou, muitas destas segundas habitações podem ser destruídas e seladas por organizações legislativas locais e pelo poder policial no presente e no futuro (todas as imagens do autor. 2013).

Números. 103 - 110. Algumas fotografias do novo e moderno Hotel Koohestan e dos seus Arbours - casas de verão - para passageiros e uma casa de chá nas proximidades, no domínio da cordilheira de Bagheran (numa aldeia a 5 Kms de Birjand. 22 e 1 de março de 2013. e outono de 2013) (Todas as fotografias são da autoria do autor).

CAPÍTULO 12

Apoiar as zonas rurais

A ruralidade, bem como outras concepções da natureza, faz parte da economia cultural mais vasta do espaço rural. Cada vez mais, as noções de ruralidade já não são dominadas por conceitos de produção alimentar e as novas utilizações do espaço rural estão a redefinir a ideia do que constitui a paisagem rural. No entanto, as noções mais românticas de ruralidade não desaparecerão de um dia para o outro; de facto, são frequentemente reforçadas como parte da promoção turística e alimentar. A ideia romântica do enólogo a elaborar pessoalmente o vinho numa adega é extremamente remota para aquilo que, em muitas partes do mundo, é um processo químico mais parecido com a refinação. Muitas oportunidades de turismo rural levam as pessoas para fora do ambiente urbano e tornam-se uma parte importante de uma escolha de estilo de vida para se envolverem no que é considerado por muitos como um ambiente mais atrativo. A questão de saber se isto representa uma quebra de rotina é discutível. É uma quebra da rotina urbana, mas para muitas pessoas é uma ocorrência regular, especialmente para aqueles que têm segundas residências. Não se trata de negar que, para muitas pessoas, em especial para as que se encontram imóveis na sociedade urbana, o meio rural é desconhecido, talvez mesmo estranho, e apenas conhecido através dos meios de comunicação social. As zonas rurais periurbanas e periféricas do mundo desenvolvido têm sido afectadas pelas mesmas questões de reestruturação económica e globalização que muitos ambientes urbanos. No entanto, nas regiões rurais, que já tinham uma economia menos complexa, esses factores podem ter um efeito mais acentuado em termos de perda de infra-estruturas à medida que o governo retira serviços e, frequentemente, a perda de viabilidade económica da produção agrícola ou florestal sem subsídios significativos. Estes factores, juntamente com as mudanças na tecnologia e na mobilidade, também contribuíram para a perda de população. De facto, é necessário sublinhar que a acessibilidade e a mobilidade não são um processo unidirecional, as pessoas podem deixar um local tanto quanto podem ser atraídas para ele à medida que as opções de mobilidade se tornam disponíveis. Em resposta à crise sentida nas zonas rurais, o turismo tornou-se uma estratégia de desenvolvimento extremamente importante que é promissora para a competitividade económica de alguns locais. No entanto, numa procura por vezes desesperada de desenvolvimento económico, de uma base fiscal mais alargada e da criação de emprego, podem ser seguidas políticas e programas de desenvolvimento inadequados, em que as localidades se concentram em estratégias de competitividade regional duplicativas e de baixo custo, em vez de iniciativas de alto nível que aumentem o capital social, o capital intelectual e as redes.

No entanto, construir mais um centro de visitantes, um museu e/ou um centro de eventos ou de convenções e poder cortar uma fita para mostrar que se fez alguma coisa é muito mais fácil do que empenhar-se na tarefa de melhorar o capital intelectual e social intangível e as redes.

Uma abordagem integrada das zonas rurais e periféricas é, pois, essencial para que o desenvolvimento rural assuma características mais sustentáveis. No entanto, a sustentabilidade não significa o congelamento da paisagem rural; por exemplo, a paisagem periurbana, considerada por alguns como uma expansão, é, de facto, muito mais produtiva e sustentável do que aquilo que muitas pessoas caracterizam, além de proporcionar um mosaico denso de habitats que pode contribuir para a manutenção da biodiversidade. O governo e os grupos interessados podem ajudar melhor as zonas rurais a enfrentar os desafios da reestruturação económica e da mudança, apoiando o desenvolvimento de capital intangível, como a liderança e as competências genéricas (educação e competências empresariais), e atribuindo maior importância ao fornecimento de informação relevante que afecte a tomada de decisões, em vez de apoiar especificamente programas que incentivem a produção de brochuras, percursos pedestres e outras iniciativas de turismo local de pequena escala, como centros de visitantes. No entanto, os projectos destinados a apoiar a acessibilidade relativa dos locais em termos de transportes e comunicações são também extremamente importantes, tal como o é a comodidade geral de um local e a natureza da regulamentação e intervenção governamentais. Nem todas as áreas podem atrair um grande número de visitantes e é essencial uma avaliação realista do potencial turístico de uma região. Para atingir os objectivos desejados para os locais, o turismo nas zonas rurais e periféricas deve, por conseguinte, ser visto não só no contexto mais vasto da mobilidade humana, incluindo o turismo, mas também no âmbito de um conjunto mais vasto de políticas e agendas governamentais (Michael Hall. N.D).

A este respeito, os decisores políticos devem ter em conta as seguintes observações:

- Um relatório de avaliação do impacto da estrutura protegida no património cultural, que pode incluir um relatório sobre as condições de construção e conservação (depende do local e do nível de desenvolvimento proposto);

- Descrição dos trabalhos de intervenção necessários para consolidar a estrutura protegida;

- Descrição das obras propostas necessárias para garantir a continuação da utilização do edifício (a mudança de utilização será considerada quando adequado);

- Descrição das habitações propostas, incluindo desenhos específicos do local que demonstrem que foi tida em conta a topografia, as características da paisagem e o património construído do local;

- Avaliação do impacto da habitação proposta na Estrutura Protegida, na sua cartilagem, no seu enquadramento e nas suas características paisagísticas;

- Avaliação do impacto do desenvolvimento proposto no património natural do sítio. Esta avaliação pode incluir um levantamento das árvores e da flora e fauna. (Em alguns casos, esta avaliação pode ser incluída na avaliação do impacto no património cultural);

- É necessário um plano diretor para a abordagem holística do desenvolvimento do sítio, uma vez que a gestão cuidadosa da casa, dos jardins e das terras devolutas, que devem ser consideradas património, beneficiará tanto o público como os promotores;

- Haverá uma presunção geral contra o desenvolvimento do lado do mar da estrada mais próxima da linha costeira, exceto em povoações designadas, tal como estabelecido no plano, ou em circunstâncias excepcionais em que a autoridade de planeamento esteja convencida de que o desenvolvimento proposto não terá um efeito adverso significativo na paisagem circundante e na amenidade da área.

- Deve também haver uma presunção contra o desenvolvimento em/ou adjacente a áreas protegidas ao abrigo da Diretiva Habitats e Áreas do Património Natural; e Avaliação do impacto do desenvolvimento proposto no património natural do local. Esta avaliação pode incluir um levantamento das árvores e da flora e fauna. "O rastreio da avaliação adequada será efectuado sempre que necessário para garantir que não há impacto negativo na integridade (definida pela estrutura e função e pelos objectivos de conservação) de qualquer sítio localizado ou adjacente a um sítio proposto para um desenvolvimento IRTRC e que os requisitos são plenamente satisfeitos (Plano de Desenvolvimento do Condado de Waterford. 18 de dezembro de 2007).

CAPÍTULO 13

O turismo como resposta política aos problemas económicos das zonas rurais

O turismo, enquanto resposta política aos problemas económicos das zonas rurais, passou por várias fases nos últimos anos. Até meados da década de 1980, o turismo rural preocupava-se essencialmente com as oportunidades comerciais, os efeitos multiplicadores e a criação de emprego. No final da década de 1980, a orientação política mudou para a mensagem de que o ambiente é uma componente essencial da indústria do turismo. Segundo esta noção, o turismo é uma força aditiva e não extractiva para as comunidades rurais. O turismo foi considerado "sustentável", sublinhando o valor intrínseco do ambiente e, nalguns países, da comunidade rural como recurso turístico. (Embora na Austrália a sustentabilidade fosse definida principalmente em termos ecológicos). No início e em meados da década de 1990, foi acrescentada uma camada adicional às respostas políticas do governo ao turismo e ao desenvolvimento regional, que regressa às preocupações económicas anteriores. Trata-se da perceção do papel do turismo rural como um mecanismo importante para travar o declínio do emprego agrícola e, por conseguinte, como um mecanismo de diversificação agrícola. No caso da Europa, por exemplo, a identificação de áreas específicas de desenvolvimento rural nas quais o desenvolvimento do turismo é financiado pela UE ocorreu através de uma série de programas de desenvolvimento, muitas vezes em conjunto com os Estados-Membros, o Estado local e o sector privado.

Do mesmo modo, de acordo com o Departamento de Turismo da Commonwealth australiana, "o turismo cria empregos, estimula o desenvolvimento regional e diversifica a base económica regional. Com o declínio de muitas indústrias tradicionais nas zonas rurais e regionais, o turismo oferece uma oportunidade para revitalizar a Austrália regional e difundir os benefícios sociais do turismo". No entanto, o turismo pode ser um instrumento de desenvolvimento regional ou um agente de perturbação ou destruição. Com efeito, reconhece-se cada vez mais que nem uma abordagem económica nem uma abordagem ambiental do desenvolvimento do turismo rural são, por si só, suficientes para satisfazer tanto as agendas políticas do governo como as necessidades reais das pessoas que vivem nas zonas rurais, que são o foco da maior parte do debate sobre o desenvolvimento do turismo regional. Por conseguinte, é necessário integrar os interesses económicos e ambientais com as dimensões sociais do desenvolvimento regional, bem como reconhecer os factores que tornam os locais competitivos ou proporcionam o desenvolvimento de uma economia diversificada.

O conceito de integração fornece-nos uma série de pontos significativos sobre a natureza do desenvolvimento regional rural que utiliza o turismo. A este respeito, devem ser considerados os seguintes aspectos:

1. É necessário ter em conta todas as dimensões do desenvolvimento.

2. Isto implica a necessidade de estarmos conscientes das várias ligações que existem entre os elementos do desenvolvimento.

3. Implica também que o desenvolvimento regional "bem sucedido" exigirá coordenação e, por vezes, intervenção, a fim de alcançar os resultados desejados.

No entanto, a política rural está frequentemente mal desenvolvida e não consegue integrar os diferentes impactos no desenvolvimento dos vários sectores nas zonas rurais, nem as várias formas de intervenção do Estado. Em vez disso, grande parte do debate sobre as aplicações da sustentabilidade tem incidido em componentes individuais da ruralidade, por exemplo, tentativas de desenvolvimento de uma agricultura sustentável, em vez de uma abordagem global que integre as componentes socioculturais, económicas e ambientais da sustentabilidade e da ruralidade. De facto, em muitas zonas rurais do mundo desenvolvido, a política de turismo está indissociavelmente ligada a políticas agrícolas mais amplas. No entanto, a indústria do turismo rural não tem o mesmo poder político que a indústria agrícola, em termos de poder atrair subsídios ou outras formas de apoio financeiro.

Apesar da imagem das zonas rurais como locais mais simples e agradáveis, existem muitos conflitos implícitos na natureza diversificada das zonas rurais. Muitos deles devem as suas origens à evolução dos gostos e preferências das populações de utilizadores das zonas rurais, em constante mudança, e às influências espaciais variáveis de forças económicas e políticas exógenas. Têm também origem nos conflitos entre valor de troca e valor de uso. Por exemplo, a conversão de antigas terras agrícolas em florestas de plantação e o declínio das explorações agrícolas familiares para serem substituídas por agro-negócios e, frequentemente, por uma paisagem monocultural de agro-negócios, suscitou a oposição de várias fontes devido às perdas de emprego e à redução do conforto.

Em muitas partes do mundo desenvolvido, a oposição à expansão do agronegócio tem sido manifestada por conservacionistas da vida selvagem e da paisagem, que notam a perda de variedade e de habitat, e por caminhantes e outros utilizadores recreativos, que se queixam do desaparecimento de caminhos há muito estabelecidos e de outros meios de acesso às zonas rurais. De facto, a acessibilidade dentro e fora do espaço rural é, desde há muito, outra fonte de conflito. O declínio dos transportes públicos nas zonas rurais, que reflecte, em parte, o declínio da população rural e a alteração das filosofias políticas sobre o papel adequado do governo nos transportes, significa que, nas zonas rurais, o automóvel é mais necessário do que nas cidades. Este problema é ainda exacerbado pela crescente utilização das zonas rurais periféricas pelos trabalhadores urbanos, o que está claramente relacionado com questões de aquisição de bens e serviços fora da comunidade de residência imediata, ameaçando assim a viabilidade dos pontos de venda a retalho e de serviços existentes nessas comunidades.

Uma das questões mais difíceis de resolver nas zonas rurais são os diferentes desejos, expectativas, percepções e exigências dos residentes de longa data e dos recém-chegados, bem como as mudanças nas estruturas de poder da comunidade que daí podem resultar, em especial nas zonas em que está a ocorrer uma contra-urbanização, como na zona de excursões; onde se estabelecem segundas residências e casas de repouso; e onde o desenvolvimento de comunidades turísticas atrai não só visitantes e segundas residências, mas também pessoas que procuram emprego nesses locais.

As segundas residências são uma componente integral, embora muitas vezes negligenciada, da mobilidade turística nacional e internacional. Em muitas regiões do mundo, as segundas residências, também designadas por casas de férias, casas de campo, casas de veraneio, casas de recreio, berços e casas de fim de semana, são o destino de uma proporção substancial de viajantes nacionais e internacionais, enquanto o número de noites de cama disponíveis numa segunda residência muitas vezes rivaliza ou até excede o disponível no sector do alojamento formal. Embora a segunda habitação possa ser permanente, o período de residência não o é. De facto, os termos utilizados para descrever a segunda habitação são diferentes. De facto, os termos utilizados para descrever a segunda habitação incluem o turismo residencial, a semi-migração, a migração de verão e a suburbanização sazonal. As segundas residências têm uma longa tradição na Escandinávia, no Canadá e na Nova Zelândia, onde eram originalmente um meio barato e acessível de passar férias e lazer, embora, desde a década de 1950, o aumento do desenvolvimento de segundas residências se explique principalmente pelo aumento da mobilidade pessoal proporcionado pela posse de automóvel. No entanto, as segundas residências são importantes para qualquer análise da mobilidade turística por várias razões, incluindo as relações entre as populações permanentes e as segundas residências e a potencial contribuição para o desenvolvimento regional.

Os proprietários de segundas habitações são motivados por uma série de razões, muitas das quais têm a ver com as características específicas de um local, incluindo a distância da residência principal, as características físicas e sociais da zona e a disponibilidade de oportunidades de lazer; o estilo de vida; os laços familiares com uma zona; e o planeamento da reforma. Em muitos casos, a compra de uma segunda habitação está relacionada com as fases do ciclo de vida e com as carreiras profissionais. A identificação de um ambiente desejável para uma segunda habitação tende a estar relacionada com um processo de pesquisa ambiental do qual as viagens são uma componente fundamental. As férias proporcionam oportunidades para identificar potenciais locais de segunda habitação, ao passo que as segundas habitações podem também fazer parte de uma estratégia de estilo de vida mais alargada que utiliza a compra de segunda habitação como precursora de uma reforma mais permanente ou de uma migração de estilo de vida.

No entanto, em muitos casos, a componente de deslocação que leva à decisão de comprar uma segunda habitação pode estar relacionada com laços familiares a um distrito e não apenas com valores de lazer e de amenidade ambiental. Nesses casos, a noção de casa pode assumir um significado pessoal muito significativo em termos de um desejo de permanecer ligado a um local onde, por várias razões, nomeadamente a falta de emprego disponível ou de oportunidades de qualidade de vida nas zonas rurais, pode não ser possível viver de forma permanente.

A acessibilidade tem uma grande influência na utilização de uma segunda habitação. A maioria dos proprietários de segunda habitação vive perto da sua propriedade. Mesmo num contexto internacional, a posse de uma segunda habitação a longa distância continua a ser uma exceção. A classificação das residências secundárias em residências de fim de semana ou de férias depende da distância da residência permanente e do orçamento de tempo do utilizador. As residências de fim de semana têm de estar a uma distância de um dia de viagem para poderem ser utilizadas eficazmente.

A disponibilidade de terrenos é também um fator significativo na seleção de locais para segunda habitação, uma vez que os regulamentos de planeamento da utilização dos terrenos podem limitar a dimensão mínima das secções de terreno que podem ser vendidas, contribuindo assim para o valor de escassez dos locais desejados para segunda habitação. Estes controlos governamentais da utilização dos terrenos desempenham, portanto, um papel significativo na influência dos valores dos terrenos e do parque habitacional e, dependendo da classificação local ou do sistema fiscal, podem mesmo ser manipulados de forma a maximizar as taxas de retorno dos empreendimentos imobiliários. Embora essas medidas regulamentares sejam frequentemente justificadas pelas autarquias locais com base na proteção da paisagem ou do ambiente, têm, no entanto, um enorme impacto na disponibilidade de terrenos para a construção de residências secundárias. Por conseguinte, as casas de fim de semana tendem a situar-se em locais que podem já estar a registar um crescimento substancial através da contra-urbanização. É nestes locais que ocorre grande parte do conflito entre o desenvolvimento de residências secundárias e a comunidade existente, uma vez que, em grande medida, a probabilidade de conflito depende da disponibilidade do parque habitacional.

No entanto, as segundas residências têm um valor potencial como meio de desenvolvimento económico nas zonas rurais e periféricas, especialmente quando essas zonas têm um parque habitacional excedentário e uma base económica limitada. As segundas residências constituem um meio de desenvolvimento regional através das seguintes dimensões:

- Aumento das despesas directas dos visitantes na região;

- O fornecimento de infra-estruturas utilizadas tanto pelos proprietários de casas como por outros turistas;

- O apoio aos sectores dos serviços e da construção, incluindo a utilização do parque habitacional que, de outro modo, estaria desocupado; e

- A oportunidade de um maior desenvolvimento regional através da reforma dos proprietários para a sua segunda casa.

Embora os benefícios do desenvolvimento de residências secundárias para uma região sejam potencialmente elevados, podem nem sempre exceder os custos criados para o governo em relação ao aumento de resíduos, cuidados de saúde e outros serviços, bem como os impactos sociais e ambientais que também podem ocorrer. A natureza sazonal de algumas localizações de residências secundárias pode também limitar os potenciais benefícios do desenvolvimento de residências secundárias, ao mesmo tempo que cria pressões adicionais em períodos de pico de procura. Entre os exemplos de conflitos sociais contam-se os desacordos entre os habitantes locais e os residentes de segunda habitação no que respeita aos níveis de desenvolvimento, os conflitos devidos à perceção de desigualdade social e a perceção de concorrência pela utilização da terra (Michael Hall. N.D).

CAPÍTULO 14

Complexos integrados de turismo rural e de lazer (IRTRC)

Nos últimos anos, tem-se registado um aumento da procura e do desenvolvimento de Complexos Integrados de Turismo Rural e de Recreio e de Campos de Golfe. Associado a este facto, tem havido uma procura de habitação, quer para aluguer temporário como casas de férias, quer para uso residencial permanente. Reconhece-se que a oferta de alojamento de natureza unitária (apartamentos, chalés ou casas independentes) está a emergir como um elemento integrante do Complexo Integrado de Turismo Rural e de Recreio (IRTRC).

Um Complexo Integrado de Turismo Rural e de Recreio pode ser definido como um empreendimento turístico de alta qualidade situado num local rural que inclui o seguinte

- Um hotel de qualidade (mínimo de 50 camas); e
- Um centro de lazer/spa, centro de conferências ou similar; e
- Outras instalações, como um clube de golfe de 18 buracos ou uma instalação pública semelhante de grande dimensão, como um centro de aventura, uma marina ou um centro recreativo coberto. (Ver figuras 111-117).

Números. Ill - 117. Um Complexo Integrado de Turismo Rural e Recreativo (IRTRC) perto do lago de Choghakhor e a 100 km de Shahrekord, centro da província de Chaharmahal e Bakhtiari, no sudoeste do Irão. Foi criado na última década. Além disso, dispõe de instalações e possibilidades recreativas, lúdicas, desportivas e de alimentação (Autor. 2-6 de agosto de 2013).

Tais propostas podem também incluir empreendimentos residenciais relacionados com o turismo, que são auxiliares da principal atração turística. Devemos também reconhecer que um elemento de habitação permanente pode ser considerado para equilibrar as flutuações sazonais da população associadas a esses empreendimentos turísticos e para apoiar a viabilidade económica inicial dessas propostas, que serão importantes geradores de emprego nas zonas rurais.

Será tida em consideração a disponibilização de IRTRCs sempre que os empreendimentos cumpram os seguintes critérios:

- Está em conformidade com a Avaliação da Paisagem Cénica e com as políticas de desenvolvimento costeiro e paisagístico;

- Relaciona-se com a escala e o nível de atividade na localidade;

- Não terá um impacto negativo significativo sobre o carácter ou a situação dos aglomerados populacionais ou sobre a amenidade dos residentes existentes;

- Não terá um efeito adverso significativo no carácter ou na aparência da paisagem rural do condado e manterá, em geral, a natureza aberta do terreno;

- Não afectará a segurança rodoviária nem o livre fluxo de tráfego;

- Não terá um impacto negativo significativo em sítios de valor para a conservação da natureza ou de importância arqueológica ou no património construído;

- As novas habitações têm um bom nível de conceção e são compatíveis com a paisagem em termos de localização, conceção e materiais; e

- Incluir um plano de faseamento para a disponibilização das instalações propostas.

Uma proposta de IRTRC deve ser um desenvolvimento sustentável, que demonstre viabilidade a longo prazo. De um modo geral, deve ser dada ênfase à inovação na conceção e na disposição, proporcionando um desenvolvimento integrado que ligue as unidades a espaços abertos e instalações. As características existentes no local, incluindo árvores e sebes, devem ser mantidas, na medida do possível, para formar um esquema paisagístico abrangente.
Os pedidos de IRTRC que incluam casas de férias devem ser acompanhados de informações pormenorizadas sobre um acordo segundo o qual o conjunto do empreendimento será mantido em gestão única ou em regime de time-sharing, de arrendamento a curto prazo ou de um acordo semelhante. As casas de férias/unidades de férias não podem, em caso algum, ser vendidas ou utilizadas como locais de habitação permanente. As residências permanentes podem ser autorizadas em associação com um pedido e critérios IRTRC.
Sempre que necessário, será efectuada uma avaliação adequada para garantir que não há impacto negativo na integridade (definida pela estrutura e função e pelos objectivos de conservação) de qualquer natureza.

CAPÍTULO 15

15 Alojamento e instalações turísticas

O desenvolvimento do alojamento turístico é crucial para o desenvolvimento efetivo da indústria do turismo no país. Em algumas partes do Irão, especialmente no Norte do Irão, nomeadamente na região costeira do Mar Cáspio, nos últimos anos, os empreendimentos do tipo apartamento estão mais bem localizados nos centros turísticos existentes. Os empreendimentos de casas de férias agrupadas também serão mais apropriados nestes centros, ou noutras povoações do concelho onde existam instalações e serviços disponíveis ou em terrenos com zonas turísticas ou como parte de IRTRC ou empreendimentos turísticos de média dimensão. Nas áreas de povoamento fora dos centros turísticos estabelecidos, é importante assegurar que os empreendimentos de casas de férias não terão um impacto negativo na comunidade residencial existente (por exemplo, flutuações sazonais nos níveis populacionais e o encerramento de serviços durante os meses de inverno). (Ver figuras 118 a 124).

Números. 118 - 124. Um complexo de alojamento turístico e de casas de férias junto ao famoso rio Zayandehrood e à ponte histórica de Polezamankhan, a 60 km de Shahrekord, centro da província de Chaharmahal e Bakhtiari, no sudoeste do Irão. Estabelecido durante a última década (Pelo autor. verão de 2013 e 2016).

De acordo com as Orientações para a Habitação Rural Sustentável para as Autoridades de Planeamento, haverá uma presunção contra o desenvolvimento de casas de férias/segundas habitações em áreas fora dos aglomerados populacionais, em zonas visualmente vulneráveis e sensíveis e ao longo de rotas cénicas, tal como designado no Mapa de Avaliação Cénica. No entanto, será considerada a possibilidade de desenvolver casas de férias com uma escala adequada em terrenos com zonas turísticas ou como parte de IRTRC ou empreendimentos turísticos de média dimensão.

Num sítio em espaço verde, só será considerada a construção de habitações/unidades de alojamento turístico se for demonstrado que estas estão em conformidade com os critérios relevantes a seguir definidos. As seguintes normas aplicar-se-ão ao desenvolvimento de casas de férias em zonas verdes:

- O fornecimento de casas de férias só será considerado quando a propriedade total do terreno não for inferior a 100 acres (40ha);

- A autoridade de planeamento exigirá, de acordo com um plano de fases pormenorizado, que o elemento turístico do IRTRC seja substancialmente construído antes do desenvolvimento de qualquer uma das residências permanentes ou, em circunstâncias excepcionais, que as residências permanentes sejam construídas em simultâneo com o elemento turístico;
- O número de casas de férias permitidas dependerá das especificidades do sítio - área do sítio, localização, grau de visibilidade, proteção natural e escala das instalações turísticas disponíveis / a serem fornecidas. Cada caso será avaliado de acordo com os seus méritos; no entanto, em caso algum o número de habitações previstas poderá exceder uma unidade por cada 10 acres;

- A altura e a escala de construção das unidades devem ser relativas ao complexo, à topografia e à proteção do local, etc;

- As casas/unidades de férias devem ser agrupadas numa disposição em plano aberto com espaço de lazer partilhado;

- Apenas serão consideradas habitações isoladas (para evitar padrões de desenvolvimento urbanos/suburbanos que seriam inadequados num ambiente rural);

- Tamanho mínimo do sítio de 0,5 acres (0,2ha);

- Todos os empreendimentos deverão cumprir as normas mínimas de desenvolvimento estabelecidas no Plano de Desenvolvimento do Condado, exceto quando em conflito com as normas acima especificadas;

- O IRTRC e as casas de férias/alojamentos associados, excluindo qualquer oferta limitada de alojamento permanente, devem ser desenvolvidos e geridos como uma unidade única;

- As casas de férias devem ser utilizadas apenas para ocupação de curto prazo e não para uso residencial permanente. Se as casas de férias forem vendidas ou transferidas de proprietário, o novo proprietário terá de celebrar um acordo legal com a autoridade de planeamento em como a unidade não será utilizada como habitação permanente;

- O promotor terá de pagar uma contribuição financeira especial para o fornecimento de habitação social e acessível, que será calculada utilizando uma metodologia semelhante à aplicável no âmbito do Planeamento.

- Todos os projectos devem ter em conta a avaliação da paisagem cénica e a adequação específica do local ao desenvolvimento - drenagem, acesso, etc;

- Fornecimento de um abastecimento de água adequado para servir o empreendimento e tratamento e eliminação seguros das águas residuais, que não prejudiquem a qualidade das águas subterrâneas na zona;

- Todos os pedidos de desenvolvimento de um IRTRC devem ser acompanhados de uma proposta comercial pormenorizada que descreva a viabilidade financeira da proposta. Deve também ser apresentado um plano de faseamento pormenorizado como parte de qualquer candidatura futura; e

- Haverá uma presunção geral contra o desenvolvimento do lado do mar da estrada mais próxima da linha costeira, exceto em povoações designadas, tal como estabelecido no plano, ou em circunstâncias excepcionais em que a autoridade de planeamento esteja convencida de que o desenvolvimento proposto não terá um efeito adverso significativo na paisagem circundante e na amenidade da área. Haverá também uma presunção contra o desenvolvimento em/ou adjacente a áreas protegidas ao abrigo da Diretiva Habitats e Áreas de Património Natural. Sempre que necessário, será efectuada uma avaliação adequada para garantir que não haja impacto negativo na integridade (definida pela estrutura e função e pelos objectivos de conservação).

- Só será considerada a construção de casas de férias e de habitações permanentes quando a Estrutura Protegida ou o grupo de estruturas dentro da cartilagem e/ou os terrenos adjacentes estiverem a ser renovados e adaptados para uma utilização sustentável. Essa decisão deve basear-se numa avaliação completa da estrutura e do seu enquadramento. A subdivisão adequada de uma estrutura também pode ser uma opção (frequente no Reino Unido e na Irlanda do Norte, especialmente perto de cidades e vilas importantes).

Para o desenvolvimento de casas permanentes e de férias da Estrutura Protegida ou de estruturas no interior da cartilagem e/ou dos terrenos adjacentes de uma Estrutura Protegida, aplicar-se-ão as normas acima definidas para os terrenos verdes, para além das normas abaixo indicadas:

- Os terrenos imediatos da estrutura/complexo principal e a avenida/estrada/entradas da estrutura/complexo principal devem ser mantidos livres de construção de habitações e obras associadas.

- As novas habitações devem ser protegidas da estrutura/complexo principal pela topografia do local ou pela paisagem adulta existente. Se não existir uma proteção resultante da topografia ou da plantação, será necessário manter uma distância mínima de separação de 500 m (trata-se apenas de uma orientação mínima, podendo ser necessária uma distância de separação maior em determinadas circunstâncias).

- A altura de construção das habitações deve ser relativa ao complexo, à topografia e à proteção do local, etc., mas em caso algum a altura de construção poderá exceder a da estrutura protegida.

- Poderá ser considerada a conversão dos edifícios estáveis de pedra existentes/edifícios do pátio em alojamento turístico de alta qualidade.

- Todos os pedidos de desenvolvimento do IRTRC devem ser acompanhados de uma proposta comercial pormenorizada que descreva a viabilidade financeira da proposta. Deve também ser apresentado um plano de faseamento pormenorizado como parte de qualquer candidatura futura.

- No entanto, deve ter-se em conta que estes são limiares máximos indicativos e não a expetativa mínima do promotor. Independentemente dos critérios acima referidos, alguns sítios podem não ser adequados para este tipo de desenvolvimento. A adequação do local será determinada pela autoridade de planeamento e basear-se-á em relatórios e no impacto potencial dos desenvolvimentos propostos no carácter da estrutura protegida e no seu enquadramento (se aplicável).

CAPÍTULO 16

Desenvolvimento de empreendimentos turísticos de média dimensão e casas de férias associadas Os seguintes critérios teriam de ser cumpridos para o desenvolvimento de uma instalação turística de média dimensão com casas de férias associadas:

- O fornecimento de casas de férias só será considerado quando a propriedade total do terreno não for inferior a 30 acres (12ha);

- O número de casas de férias permitidas dependerá das especificidades do sítio - área do sítio, localização, grau de visibilidade, proteção natural e escala das instalações turísticas disponíveis ou a fornecer. Cada caso será avaliado com base nos seus méritos;

- Deve ser apresentado um plano de negócios com qualquer pedido para demonstrar a viabilidade e sustentabilidade a longo prazo do desenvolvimento turístico e das casas de férias associadas;

- O desenvolvimento do turismo não deve prejudicar as instalações turísticas existentes na zona;

- A instalação turística e as casas de férias associadas devem ser construídas e geridas como uma unidade única por uma empresa de gestão;

- Não são permitidas habitações permanentes associadas à instalação/ao empreendimento turístico;

- O promotor será obrigado a pagar uma contribuição financeira especial para o fornecimento de habitação social e acessível, que será calculada utilizando uma metodologia semelhante à aplicável ao abrigo da Lei de Planeamento e Desenvolvimento;

- Todos os projectos devem ter em conta a avaliação da paisagem cénica e a adequação específica do local ao desenvolvimento - drenagem, acesso, etc;

- A altura/escala de construção das casas de férias deve ser relativa à topografia e à proteção do local, etc;

- As casas/unidades de férias devem ser agrupadas numa disposição em plano aberto com espaço de lazer partilhado;

- Todos os empreendimentos devem cumprir as normas mínimas de desenvolvimento;

- A instalação e as unidades devem ser acessíveis a todos e cumprir integralmente os regulamentos de construção; e haverá uma presunção geral contra o desenvolvimento do lado do mar da estrada mais próxima da linha costeira, exceto em povoações designadas, conforme estabelecido no plano, ou em circunstâncias excepcionais em que a autoridade de planeamento esteja convencida de que o desenvolvimento proposto não terá um efeito adverso significativo na paisagem circundante e na amenidade da área. Também haverá uma presunção contra o desenvolvimento em/ou adjacente a áreas protegidas ao abrigo da Diretiva Habitats e Áreas de Património Natural.Independentemente dos critérios acima, alguns locais podem não ser adequados para tal desenvolvimento. A adequação do local será determinada pela autoridade de planeamento durante a fase de pedido de planeamento (Waterford County Development Plan. 18 de dezembro de 2007).

CAPÍTULO 17

Turismo rural na América

A América rural é um destino turístico popular. De acordo com um estudo recente, quase dois terços de todos os adultos da Nação, ou seja, 87 milhões de indivíduos, fizeram uma viagem a um destino rural nos últimos três anos (Travel Industry Association of America, 2012). Quase nove em cada dez destas viagens foram efectuadas por motivos de lazer. De um modo geral, a indústria das viagens é um grande negócio na América. As despesas com viagens nos EUA totalizaram cerca de 594 mil milhões de dólares em 2010, o que faz da indústria das viagens e do turismo a terceira maior do país (depois dos serviços de saúde e dos serviços empresariais) e representa um emprego direto total de mais de 7,8 milhões de pessoas.

O turismo tem muitas vantagens potenciais para as zonas rurais. O turismo pode ser uma importante fonte de emprego para as comunidades não metropolitanas, especialmente para aquelas que são economicamente subdesenvolvidas. Uma vez que os empregos na indústria do turismo não requerem, muitas vezes, formação avançada, os residentes locais com poucas competências podem facilmente trabalhar como empregados de mesa, empregados de retalho e empregados de hotelaria. O turismo não só oferece oportunidades de negócio aos residentes locais, como também pode servir de veículo de marketing de um local para potenciais residentes e empresas, uma vez que o turista de hoje pode regressar mais tarde para se reformar ou iniciar um negócio local.

O turismo também pode melhorar a qualidade de vida local. Por exemplo, o turismo pode servir como uma importante fonte de receitas fiscais para as jurisdições locais. Algumas zonas rurais podem estar mais dispostas a cobrar impostos mais elevados sobre os turistas porque estes são transitórios e, por conseguinte, podem ser considerados pelas autoridades locais como estando mais sujeitos a taxas de utilização e outras formas de tributação. Este facto pode conduzir a serviços públicos de maior qualidade e a taxas de imposto locais mais baixas. O turismo também pode apoiar a cultura local nas zonas rurais, incentivando a restauração de sítios históricos locais e regionais. Além disso, o turismo, que é geralmente considerado uma indústria relativamente limpa, pode promover os esforços locais de conservação.

Os benefícios decorrentes do desenvolvimento do turismo devem ser equilibrados com os potenciais efeitos negativos. Os empregos na indústria das viagens e do turismo são frequentemente mal pagos e sazonais e oferecem muitas vezes benefícios limitados. Em alguns casos, especialmente quando as estratégias de turismo são ineficazes, os residentes locais podem ter de pagar o marketing e as infra-estruturas turísticas através de impostos mais elevados. O turismo pode também aumentar a procura de terrenos nas zonas rurais, o que pode inflacionar os preços do imobiliário, colocando potencialmente o custo da habitação fora do alcance do residente local médio. Este é o caso de alguns destinos turísticos ricos em amenidades (particularmente no Oeste) que registaram um crescimento nos últimos anos devido a actividades recreativas. O turismo pode conduzir diretamente a uma expansão inestética nas zonas rurais, criando uma procura de desenvolvimento. Outros efeitos secundários negativos incluem taxas de criminalidade potencialmente mais elevadas e uma maior procura de serviços locais, como a polícia, a proteção contra incêndios e os serviços de saneamento, cuja prestação pode ser dispendiosa. Para além disso, o turismo pode alterar o "sentido de lugar" rural de algumas comunidades. O afluxo de turistas a uma zona pode também provocar um aumento da aglomeração e do congestionamento do tráfego. Uma maior procura de artes e ofícios locais pode também levar a uma diminuição da qualidade desses produtos. Por último, o turismo corre o risco de degradar os recursos naturais nas zonas rurais, a menos que sejam empreendidos esforços de sustentabilidade ambiental. Muitos destes riscos podem, no entanto, ser atenuados se for feito um planeamento adequado no início do desenvolvimento do turismo (Dennis, 2002).

CAPÍTULO 18

Investigação sobre o turismo rural

O planeamento e o desenvolvimento abrangentes representam uma das principais componentes das estratégias de turismo rural mais bem sucedidas. Long e Nuckolls (1994) sublinham a necessidade de um planeamento eficaz e salientam que a assistência técnica pode ser crucial para o sucesso do desenvolvimento do turismo em muitas pequenas comunidades com recursos limitados. Marcouiller (1997) salienta que o planeamento do turismo não precisa de ocorrer no vazio, mas pode ser mais útil para uma comunidade rural quando o planeamento está ligado a esforços de desenvolvimento regional mais amplos.

A comercialização do turismo coloca desafios especiais a muitas zonas rurais. Frequentemente, as comunidades rurais não têm o reconhecimento do nome associado às zonas mais povoadas. Podem ser adoptadas diferentes estratégias para alcançar um maior reconhecimento do nome entre os potenciais visitantes. Geralmente, isto implica visar os potenciais visitantes de uma zona (Dennis, 2002).

Muitas vezes, o marketing regional é o que faz mais sentido, tendo em conta os recursos limitados de que dispõem muitas zonas rurais. Antes de implementar uma estratégia de marketing dispendiosa, as comunidades devem estar conscientes de outros custos associados ao desenvolvimento do turismo. Os autores defendem ainda que a chave do sucesso do turismo reside frequentemente no facto de as comunidades encontrarem um equilíbrio entre os custos e benefícios privados e sociais do desenvolvimento do turismo rural.

O turismo pode ser uma força importante para o desenvolvimento de zonas rurais desfavorecidas. Em particular, as comunidades rurais com poucas outras opções de desenvolvimento podem pensar que o turismo representa uma panaceia para o crescimento. Embora o turismo possa certamente ser uma componente importante de um plano de desenvolvimento sólido, nem sempre é esse o caso.

O impacto do turismo local varia muito entre as regiões rurais e depende de uma série de factores, incluindo as características da força de trabalho e questões de sazonalidade. No entanto, o apoio local é geralmente uma componente necessária para uma estratégia de turismo bem sucedida. É por isso que as estratégias de turismo devem ser coerentes com os objectivos locais e sensíveis à manutenção do carácter e das tradições de uma comunidade.

Desenvolver um turismo que funcione em harmonia com a natureza é um objetivo do desenvolvimento sustentável, que geralmente se refere ao desenvolvimento que "satisfaz as necessidades do presente sem comprometer a capacidade das gerações futuras de satisfazerem as suas próprias necessidades. A sustentabilidade contribui para o bem-estar humano e está em harmonia com o ambiente natural. Tratamento exaustivo do desenvolvimento turístico sustentável em termos de perspectivas económicas, éticas e ambientais do ponto de vista de uma variedade de disciplinas académicas, incluindo a geografia, a sociologia, a economia, a gestão, o marketing e o planeamento.

Aumento do potencial de rendimento para os residentes locais, diversificação da base económica local e receitas fiscais adicionais para as zonas rurais, mas também pode aumentar a visibilidade da comunidade e acrescentar oportunidades culturais para os residentes. O turismo, se bem planeado, pode melhorar os recursos ambientais locais. Alguns alertaram para o facto de que, embora o turismo tenha sido uma indústria de elevado crescimento nos últimos anos, produz frequentemente empregos mal remunerados, a tempo parcial e sazonais.

No entanto, alguns investigadores salientam que estes postos de trabalho a tempo parcial oferecem oportunidades importantes para os residentes rurais que não dispõem de educação superior e de formação avançada, uma vez que estes indivíduos não se qualificariam geralmente para postos profissionais com salários mais elevados. Além disso, em muitos locais, as pessoas podem já ter empregos a tempo parcial ou sazonais e o turismo pode ajudar a complementar os salários desses trabalhadores. Por exemplo, muitos trabalhadores agrícolas e alguns agricultores trabalham apenas durante uma parte do ano e podem usar outro emprego numa altura diferente do ano para ganhar mais dinheiro. Os empregos a tempo parcial no sector do turismo também podem proporcionar o rendimento necessário a um pai ou mãe que precise de tempo livre para cuidar de familiares. Os filhos em idade escolar também podem preferir este tipo de emprego, uma vez que os seus horários não permitem trabalhar a tempo inteiro. Assim, os empregos a tempo parcial e sazonais podem fazer mais sentido para segmentos importantes da população rural. O turismo pode oferecer aos residentes rurais oportunidades de negócio em actividades que sirvam o comércio turístico. Essas empresas locais, que podem ser sazonais, podem proporcionar aos residentes locais oportunidades valiosas para desenvolverem competências empresariais e podem dar aos artesãos, agricultores e transformadores de alimentos locais, entre outros, pontos de venda dos seus produtos a estabelecimentos retalhistas locais. Os agricultores que cultivam produtos frescos podem tirar partido do turismo para estabelecer canais de comercialização direta de produtos prontos a consumir, que podem também servir como pontos de venda de alimentos transformados, tais como compotas, geleias, pães e conservas (Dennis, 2002).

CAPÍTULO 19

Estratégias de turismo rural
O turismo patrimonial refere-se a viagens de lazer que têm como principal objetivo a experiência de locais e actividades que representam o passado. Uma das principais preocupações do turismo patrimonial é a autenticidade histórica e a sustentabilidade a longo prazo da atração visitada. O envolvimento ativo da população local é também, normalmente, uma componente fundamental para o sucesso do turismo patrimonial. (Ver figuras 125 e 127).

Números. 125 - 127. A barragem histórica de Bande Dareh é uma das principais atracções turísticas do património cultural, do turismo baseado na natureza/ecoturismo e das atracções culturais para pessoas e passageiros na província de Khorasan do Sul, que recentemente estabeleceu hotéis e casas de chá perto dela, no domínio da cordilheira de Bagheran (4 km de distância de Biijand. 18 de março de 2013 - fotografias do autor)

Um segundo tipo importante de atividade de turismo rural é o turismo baseado na natureza/ecoturismo (por vezes designado por turismo recreativo), que se refere ao processo de visitar áreas naturais com o objetivo de apreciar a paisagem, incluindo a vida selvagem vegetal e animal. O turismo baseado na natureza pode ser passivo, em que os observadores tendem a ser estritamente observadores da natureza, ou ativo (cada vez mais popular nos últimos anos), em que os participantes participam em actividades recreativas ao ar livre ou em viagens de aventura.

Embora o ecoturismo represente uma estratégia de desenvolvimento económico viável para as zonas rurais com recursos naturais, mesmo os empreendimentos bem sucedidos exigem paciência para as comunidades locais. Se não for cuidadosamente gerido, o ecoturismo pode, por vezes, opor as pessoas aos recursos naturais locais. Isto sugere uma forte necessidade de prosseguir o desenvolvimento sustentável nas actividades de ecoturismo. A melhor forma de satisfazer as necessidades da comunidade local, dos visitantes e do ambiente é através de uma abordagem sinérgica entre o desenvolvimento e o ambiente que não degrade a base de recursos.

Uma terceira forma importante de turismo é o agroturismo, que se refere a: o ato de visitar uma exploração agrícola ou qualquer outra exploração agrícola, hortícola ou agroindustrial com o objetivo de desfrutar, educar ou participar ativamente nas actividades da exploração ou exploração. Inclui a participação num vasto leque de actividades baseadas na exploração agrícola, incluindo mercados de agricultores, quintas de animais de estimação, bancas de beira de estrada e operações de colheita; a participação em estadias nocturnas em quintas ou ranchos e outras visitas a quintas; e a visita a festivais, museus e outras atracções relacionadas com a agricultura.

Três factores são frequentemente a chave para o sucesso das actividades de agroturismo: as competências sociais dos empresários agrícolas, a estética das explorações agrícolas e a proximidade das explorações agrícolas aos centros urbanos (Dennis, 2002). (Ver figuras 128 - 154).

Números. 128 - 139. Algumas atracções agro-turísticas e tradicionais - históricas da província de Khorasan do Sul, tais como a cisterna histórica (em cima à esquerda - aldeia de Bojd. 20 KMs de Biijand. 14 de dezembro de 2012), o moinho de água histórico (em cima à direita e em baixo à esquerda, aldeia de Zohan, 100 KMs de Biijand. 4 de abril de 2013), e o kanat histórico (aldeia de Hendevallan, 70 KMs de Birjand. 3 de maio de 2013). Mais plantas e jardim de bérberis e pistácios (duas fotografias posteriores, aldeia de Hendevallan, 70 KMs de Biijand. 3 de maio de 2013), flor de açafrão (três fotografias posteriores - meio. Em torno de Birjand 2011), e panado de vaca e galinha em casa rural (três últimas fotografias, aldeia de Hendevallan, 70 KMs de Biijand. 3 de maio de 2013), (Todas as fotografias do autor).

Números. 140 - 154. Os povos nómadas e o seu modo de vida, que tem uma enorme quantidade de atracções, especialmente para os turistas estrangeiros. População nómada nos desertos da cidade de Nehbandan, a 170 km de Birjand, centro da província de Khorasan do Sul (seis das primeiras imagens acima). (Pelo autor. verão de 2015). E o autor com o povo nómada num trabalho de investigação no terreno na montanha Taftan (província de Sistan e Balouchestan, outono de 2015). (mais tarde das seis primeiras fotografias acima). E ainda a presença do autor junto a uma casa tradicional de povos nómadas perto do lago de Choghakhor e a 100 km de Shahrekord, centro da província de Chaharmahal e Bakhtiari, no sudoeste do Irão. Esta casa foi criada na última década (últimas oito fotografias, 2 e 3 de agosto de 2013).

CAPÍTULO 20

Impactos da segunda habitação e políticas de desenvolvimento
O impacto das segundas residências foi classificado em quatro categorias:

A) As casas particulares são frequentemente visitadas ao fim de semana e nos feriados pela família e por hóspedes não pagantes;

B) Casas de férias comerciais, que são utilizadas como casas de férias privadas, mas que são alugadas na época alta para cobrir os custos;

C) Inclui, de forma intermitente, casas de férias privadas, muitas vezes adquiridas para fins de reforma, mas entretanto arrendadas como casas de férias comerciais, para além de uma utilização familiar ocasional;

D) Casas de férias comerciais, detidas como um investimento e normalmente arrendadas e geridas por um agente.

Os estudos mostram que a maioria das residências secundárias é utilizada pelos proprietários. O desenvolvimento de residências secundárias não se limita às zonas rurais e pode incluir residências em zonas urbanas (Muller et al, 2004).
A maior parte das residências secundárias foi desenvolvida e utilizada em zonas rurais. Os empreendimentos de segunda habitação podem ter impactos económicos, socioculturais e ambientais positivos e negativos significativos nas comunidades locais. Vários factores, como os utilizadores de residências secundárias e as formas de utilização, a extensão e o tipo de desenvolvimento e as capacidades locais, determinam a dimensão e os tipos de impacto.

O preço dos terrenos agrícolas, bem como o das cidades e aldeias rurais, pode ser inflacionado pelo desenvolvimento de residências secundárias. O desenvolvimento de residências secundárias pode também ter impactos socioculturais específicos nas comunidades de destino. Muitos dos proprietários e utilizadores de residências secundárias têm percepções diferentes da vida rural, e essas percepções podem entrar em conflito com as práticas quotidianas e os valores das comunidades locais. Este conflito pode limitar-se a disputas pessoais entre vizinhos ou pode transbordar para conflitos políticos à escala da comunidade sobre questões como as licenças de construção e a gestão da paisagem (Muller et al, 2004).

Os impactos do turismo de segunda habitação na cultura e nas estruturas sociais das comunidades locais são muito complexos e dependem muito do tipo e dos utilizadores de segunda habitação. O afluxo de residentes urbanos mais abastados pode levar a ressentimentos no seio da comunidade local e a uma diluição da cultura local. Nalgumas zonas, os empreendimentos de segunda habitação podem provocar a deslocação dos residentes locais devido ao aumento dos impostos sobre a propriedade e ao aumento dos preços no consumidor (Muller et al, 2004).
Além disso, a população local pode também sentir-se deslocada pelos proprietários de segundas habitações no que respeita à utilização do espaço-tempo dos serviços sociais e das áreas de lazer. Os riscos de deslocação são menores nas zonas onde as segundas habitações são maioritariamente convertidas em antigas habitações permanentes. O despovoamento proporciona o espaço para os recém-chegados (Muller et al, 2004).

Quanto aos impactos socioculturais positivos, argumenta-se que os proprietários de residências secundárias visitam regularmente as suas casas e preocupam-se com a zona, especialmente quando têm laços familiares. Isto significa que os proprietários de segundas residências se adaptam à cultura e às tradições locais e fazem esforços para se integrarem nas comunidades locais. A ligação ao local por parte dos proprietários de segunda habitação é um processo a longo prazo, uma vez que são necessários anos para que um proprietário de segunda habitação seja considerado uma parte legítima da comunidade local. Uma vez aceite, a propriedade de uma segunda habitação contribui para a proteção da cultura local, simplesmente mantendo as estruturas de povoamento e a paisagem. (Ver figuras 155 a 158).

Números. 155 - 158. Estabelecimento de segundas habitações na encosta da montanha e perto de terrenos agrícolas numa região rural da cidade de Darmian, a 65 km da cidade de Biijand, centro da província de Khorasan do Sul, a leste do Irão. (Fotografias do autor - inverno de 2016).

O desenvolvimento da segunda habitação tem os seus próprios impactos económicos positivos e negativos para a população local. O desenvolvimento da segunda habitação implica benefícios económicos para a população local através da diversificação da economia, do rendimento e da criação de emprego. Recentemente, o desenvolvimento da segunda habitação em zonas rurais tem sido considerado uma alternativa à agricultura e uma abordagem para diversificar a economia rural. O desenvolvimento de segundas habitações poderia reforçar o desenvolvimento de infra-estruturas, beneficiando consequentemente o sector agrícola. (Ver figuras 159 a 188).

Números. 158 - 188. A participação de todos os membros da família dos aldeões, nomeadamente homens e mulheres idosos, raparigas e crianças, em várias fases das actividades agrícolas e das hortas de açafrão, bérberis e plantas medicinais na planície de Tagheski e nas aldeias de Gol, Freeze, Mavrad e Sorond - a 48 e 355 km de distância da cidade de Birjand, centro da província de Khorasan do Sul, a leste do Irão. É de notar que muitas pessoas urbanas ricas e poderosas utilizam estas populações rurais como mão de obra agrícola barata e trabalhadores domésticos para as obras das suas modestas e dispendiosas segundas habitações nestas regiões (Fotos do autor. 2013 & 2014 & 2016).

No entanto, estudos demonstraram que os dois sectores competem pela mão de obra e pela terra. A segunda habitação não está a estimular o desenvolvimento das empresas normalmente consideradas como parte da indústria do turismo.

Em vez disso, as empresas que fornecem material de construção, mobiliário, equipamento doméstico e bens de consumo quotidiano beneficiam principalmente do turismo de segunda residência. Por conseguinte, o turismo residencial secundário pode não contribuir significativamente para a criação de novos postos de trabalho, mas mantém e assegura os postos de trabalho já existentes. Mesmo as empresas turísticas podem lucrar, devido à procura adicional formada pelos proprietários de segundas residências e, frequentemente, pelos visitantes que os acompanham. Assim, o turismo residencial contribui para manter a oferta de serviços em zonas rurais remotas, mantendo os mercados locais sem necessariamente estimular o desenvolvimento de novas empresas. No entanto, o desenvolvimento de segundas habitações não é capaz de compensar o poder de compra dos residentes permanentes perdido devido ao despovoamento rural. Além disso, uma vez que os proprietários estão intimamente ligados à área circundante da sua segunda habitação, as deslocações ocorrem sem mais marketing e promoção. O desenvolvimento de segundas residências pode reduzir a disponibilidade de habitação para a população local devido ao aumento do valor dos terrenos e das propriedades e às restrições ao desenvolvimento. Argumenta-se que a procura de residências secundárias em zonas rurais populares aumenta o custo da habitação ao ponto de a população local deixar de poder comprar casa. Esta combinação de impactos socioculturais, ambientais e económicos positivos e negativos dos empreendimentos de segunda habitação torna o planeamento e a definição de políticas uma tarefa bastante difícil (Muller et al, 2004) & (Golmohammadi, 2013).

A fim de manter um equilíbrio entre os impactos contraditórios das segundas residências nas zonas rurais, os planeadores e os decisores políticos devem ter em consideração as preferências dos residentes rurais. Por conseguinte, o desafio que os planeadores enfrentam é a necessidade de conceber políticas que possam equilibrar as exigências dos residentes urbanos mais ricos que desejam desenvolver ou comprar segundas residências nas zonas rurais e as preferências das comunidades locais. Obviamente, os residentes locais compreendem e apreciam os impactos positivos das segundas residências e não preferem políticas de planeamento que eliminem essas oportunidades. Por último, em comparação com outras formas de turismo, o turismo de segunda habitação pode ser visto como um contributo valioso para o desenvolvimento do turismo sustentável nas zonas rurais. Com todos estes impactos, o desenvolvimento de residências secundárias tem sido um conceito desafiante no planeamento do turismo e do desenvolvimento (Muller et al, 2004).

Estas alterações provocaram um crescimento significativo do desenvolvimento de segunda habitação. Além disso, houve incentivos económicos por detrás do desenvolvimento de residências secundárias, uma vez que muitos compradores de residências secundárias as encaram como um investimento. Foi concebida uma grande variedade de políticas de ordenamento do território e de estratégias de planeamento para alcançar um turismo sustentável e responsável e o desenvolvimento de segundas residências. Estas incluem a implementação de uma série de práticas de zonamento inovadoras, programas de gestão do crescimento, normas de conceção e construção de edifícios amigos do ambiente, taxas de impacto do desenvolvimento e impostos sobre a propriedade (Golmohammadi, 2013).

Em conjunto, estas estratégias destinam-se a minimizar os impactos negativos do turismo de segunda habitação nos ambientes naturais, construídos e socioculturais locais. Estas opções políticas podem limitar o crescimento das segundas residências e das subdivisões em determinadas áreas e incentivar a criação de padrões de desenvolvimento mais compactos e mistos de segundas residências que minimizem as distâncias de deslocação, facilitem as deslocações a pé e de bicicleta e reduzam a procura de energia, serviços de água e materiais de construção. Por exemplo, ao aumentar as regras de recuo em relação a elementos ambientais sensíveis, como rios, ribeiros e paisagens, podem ser possíveis reduções significativas dos níveis de impacto ambiental. O principal desafio, especialmente nos países em desenvolvimento, é que as regras de desenvolvimento e planeamento não estão estabelecidas e não são plenamente aplicadas. No entanto, tem-se argumentado na literatura que tais formas de desenvolvimento são potencialmente mais viáveis no turismo de segunda residência do que noutros contextos urbanos, porque os proprietários de segundas residências e os residentes locais podem estar mais conscientes e preocupados com a qualidade das comodidades ambientais que experimentam nesses locais (Sharpley, 2001).

Implicações para a conceção e implementação de políticas e planos de desenvolvimento de residências secundárias:

(1) Os residentes rurais da amostra, se tivessem a oportunidade de se pronunciar sobre as políticas de promoção de segundas residências, escolheriam as políticas com maior impacto nos seus valores imobiliários;

(2) As pessoas também se preocupam muito com o estado do ambiente natural e preferem muito as políticas que melhoram ou protegem o ambiente;

(3) Com valores mais baixos, mas ainda assim significativos, os residentes locais também preferem políticas de segunda habitação que cuidem dos aspectos sociais dos residentes locais;

(4) Os factores culturais não são apenas importantes para as preferências dos residentes rurais em matéria de políticas de segunda habitação;

(5) Os residentes rurais estão dispostos a pagar para proteger a natureza e as condições sociais, escolhendo políticas de desenvolvimento de segunda habitação que tenham um impacto menos positivo no valor das propriedades dos residentes (Sharpley, 2001).

Por exemplo, uma política que dê muita ênfase à proteção das culturas locais é menos preferida do que uma que dê pouca ênfase à cultura local. Uma política que coloque a tónica na proteção do ambiente é mais preferida do que uma política que coloque a tónica na melhoria das condições sociais. Uma vez que o desenvolvimento de segundas residências pode ter impactos sociais, culturais, económicos e ambientais positivos e negativos para os residentes locais, as políticas de planeamento devem ter em consideração as opiniões e preferências do público para o planeamento e desenvolvimento futuros (Asgary et al. Spring 2011) & (Golmohammadi, 2013). (Ver figuras 189 - 199).

Números. 189 - 199. Um edifício em memória de um famoso poeta iraniano de há 800 anos (Ebn Hesam Khosefi). Na cidade de Khosef (aldeia de Khosef até há 10 anos atrás), a 35 Kms de Birjand, centro da província de Khorasan do Sul. Além do agroturismo e das atracções tradicionais e históricas. - A aldeia de Birjand, que construiu os seus edifícios principalmente com tijolos não cozidos e lama. Além de algumas atracções de agroturismo ao lado. (Todas as fotografias são da autoria do autor. primavera de 2014).

CAPÍTULO 21

Desafios no desenvolvimento da habitação em zonas rurais
Os esforços envidados para o desenvolvimento da habitação rural não tiveram em conta todos os aspectos relacionados com o desenvolvimento da habitação nas zonas rurais. De um ponto de vista global, o resultado indica que:

A- O fator "melhoria da eficiência operacional do ponto de vista da mão de obra e dos custos" tem tido grande importância na construção de habitações rurais, do ponto de vista funcional, para o utilizador. Este fator teve um impacto elevado e determinante na seleção de um método adequado de construção de habitações rurais, do ponto de vista funcional, para os residentes; mas, considerando a diversidade das componentes abrangidas, é bastante importante. A integração do fator custo no fator em consideração pode ser um elemento importante no aumento da contribuição para a desejabilidade da localização.

B-Factores como "coordenação climática com o ambiente natural", "capacidades melhoradas e compatibilidade social" e "eficiência física" tiveram efeitos significativos, mas médios, no desenvolvimento de habitação rural adequada, no que diz respeito à funcionalidade para o utilizador. Entre os três factores acima referidos, a "coordenação climática com o ambiente natural" teve um efeito mais significativo no desenvolvimento da habitação rural adequada.

C- O fator "estabilidade" teve um efeito significativo, mas não acentuado, no desenvolvimento da habitação rural para os utilizadores, em termos funcionais. Há duas razões para isso: O fator "estabilidade" é apenas uma pequena parte dos componentes para medir a desejabilidade do edifício para os utilizadores e não tem um papel determinante na definição de desejabilidade. Por outro lado, apenas em alguns casos da amostra a estabilidade adquiriu o devido crédito, de modo que a não observância da estabilidade pelos moradores não é interpretada como o seu baixo valor. Pelo contrário, deve-se à falta de compreensão correcta do conceito de rigidez do edifício e da sua importância. Embora o Irão seja um país suscetível a terramotos, e devido à necessidade de inibir os seus efeitos perturbadores, a observância das regras e regulamentos mínimos é tão importante para a conceção e execução dos edifícios estáveis contra o terramoto e os seus efeitos nocivos. O fator estabilidade é, por conseguinte, uma condição necessária para o desenvolvimento de habitações rurais, de acordo com a opinião dos peritos, mas, citando os resultados, em comparação com outros factores, do ponto de vista da funcionalidade do utilizador, prestar especial atenção a este fator "estabilidade" não diminui a importância e a prioridade de outros factores ou nem sequer os desvaloriza.

Os factores "dinamismo" e "desenvolvimento económico" tiveram um impacto pequeno, mas significativo, na seleção do método de desenvolvimento de habitação rural adequado, do ponto de vista funcional, para o utilizador. Estes factores, juntamente com outros, devem, portanto, ser considerados como critérios aceitáveis.

E- O fator "resistência aplicada" teve um efeito negligenciável na seleção de um método adequado de construção de habitações rurais, do ponto de vista funcional, para o utilizador. No entanto, os componentes para medir este fator estão de alguma forma integrados nos componentes para medir o fator "melhoria da eficiência operacional do ponto de vista da mão de obra e dos custos". Por conseguinte, este fator não teve um impacto distinto, do ponto de vista funcional para o utilizador, no desenvolvimento do alojamento rural do que os outros factores. Por conseguinte, é plausível fundir os componentes que medem este fator com outros, especialmente o fator "melhoria da eficiência operacional do ponto de vista da mão de obra e dos custos".

F- Não foi dada prioridade aos factores "coordenação climática e conservação do ambiente natural" e "resistência cultural" na seleção de um método adequado de construção de habitação rural, funcionalmente, para o utilizador; mas esta falta de prioridade não deve ser interpretada como confirmação da desatenção a estes factores, no que diz respeito ao método adequado de construção de habitação rural. No planeamento recente no Irão e noutros países, a consideração dos factores que podem cumprir os objectivos de desenvolvimento sustentável tem sido a principal preocupação. A ideia de desenvolvimento sustentável [povoamento] tornou-se uma questão fundamental e radical entre os decisores e pensadores desde o início da década de 1990. Além disso, os factores de "proteção da identidade nativa e da "resistência cultural" no Irão, devido às condições críticas dominantes, ao desvanecimento da identidade nativa das povoações rurais e à aceitação incondicional dos padrões urbanos nas aldeias, ganharam uma preocupação central: As aldeias e os aldeões estão envolvidos numa corrida com o objetivo de eliminar todos os símbolos da vida urbana e do estilo de vida urbano, bem como todos os ícones que deram a este estilo de vida um enquadramento físico.

G- Da mesma forma, a "desejabilidade visual" não foi um fator prioritário, em termos funcionais, para o utilizador na seleção do método adequado de desenvolvimento da habitação rural; a razão é a forte ligação entre o conceito de desejabilidade visual e o cumprimento das funções na arquitetura rural e a ênfase no aspeto da aplicabilidade do fator. Além disso, os factores que medem a desejabilidade visual podem ser dissolvidos noutros factores que medem a desejabilidade e, de facto, podem ser considerados como um produto e não como um fator que é visto separadamente dos outros, se esta tendência também for observada na lógica do desenvolvimento da habitação rural. Assim, as componentes relacionadas com este fator podem ser facilmente fundidas com as de outros factores. Pode concluir-se, com base nas questões discutidas nesta parte, que a identificação real das necessidades pelos próprios habitantes é muito importante, uma vez que os factores propostos também se encontram na mesma extensão. De facto, através do reconhecimento completo e correto do fator, os habitantes podem realmente tomar decisões correctas sobre a priorização das suas necessidades. Os aldeões devem chegar a um conhecimento consciente e olhar para ele do ponto de vista da resolução de problemas sociais e individuais, porque alguns destes factores são completamente individuais e o seu impacto é apenas limitado aos agregados familiares, mas para alguns outros os impactos são vistos em toda a sociedade. Por conseguinte, a sensibilização dos habitantes é de grande importância e estes devem acreditar que lidar com esses factores teria um impacto social positivo nas suas vidas (Asgary, et al. Spring 2011) & (Mahdavi, et al. 2008) & (Golmohammadi, 2013).

CAPÍTULO 22

Para onde vamos com o desenvolvimento do turismo de segunda residência no Irão?
A resposta a esta questão continua a ser ambígua e incerta, uma vez que o processo carece de uma participação pública ampla e representativa, carece de um juízo público informado e não dispõe de quaisquer princípios de planeamento credíveis. A legitimidade da questão acima referida e as suas implicações para o futuro manifestaram-se em:

A complexidade dos projectos de planeamento e desenvolvimento do turismo, a sua vulnerabilidade às diferenças culturais, sociais, [ambientais] e económicas das comunidades anfitriãs e dos turistas, a incerteza dos resultados futuros, a incapacidade das práticas tradicionais para lidar com questões morais e éticas complexas, bem como a necessidade de fazer "escolhas morais e não apenas cálculos estatísticos" exigem uma participação ampla, representativa, inclusiva e informada de "não especialistas" no planeamento e desenvolvimento do turismo comunitário.

Por conseguinte, o futuro permanece sombrio para estas áreas e regiões turísticas, uma vez que as comunidades não possuem qualquer influência sobre as empresas imobiliárias, que são apoiadas pelo governo local na sua busca de ganhos a curto prazo. A questão do poder está no centro desta análise para determinar o futuro do desenvolvimento da segunda habitação. A abordagem orientada para o mercado do desenvolvimento de segunda habitação é desprovida de qualquer base de planeamento e é uma personificação da impotência da comunidade para influenciar o processo.

Não pode haver uma compreensão adequada do planeamento sem colocar a análise do planeamento no contexto do poder. No contexto do desenvolvimento do turismo de habitação secundária e da abordagem da segunda questão, o "poder" desempenha um papel decisivo na compreensão de quem ganha e de quem perde (ou seja, a segunda questão da investigação da phronesis).

Os processos de desenvolvimento de segundas residências nestas zonas e regiões turísticas ressoam com a crença na privatização dos espaços públicos no contexto do turismo de massas, desenvolvimento em que o sistema de planeamento regional é deficitário.

Nunca foram proporcionadas às comunidades oportunidades e condições para tomarem consciência do seu poder de influenciar o comportamento dos promotores e dos seus parceiros. À medida que os actores principais (promotores e seus aliados) aplicam as suas próprias agendas, a resposta a "quem ganha?" e "quem perde?" torna-se óbvia. As comunidades são deixadas de fora dos processos de construção de residências secundárias, enquanto os seus espaços públicos são privatizados.

Se as comunidades não podem ser parceiras no planeamento do processo de construção de residências secundárias e na sua orientação, é inconcebível que ganhem alguma coisa com isso. Existe uma relação entre o conhecimento que as comunidades têm do seu poder e as suas implicações para a direção do desenvolvimento da segunda habitação.

Tal como revelado nas entrevistas e com base na análise temática dos meios de comunicação social, o desenvolvimento de residências secundárias nestas zonas e regiões turísticas está fora de controlo.

A análise do desenvolvimento da segunda habitação foi testada através da terceira pergunta da investigação phronesis: "Este empreendimento é desejável e, em caso afirmativo, desejável do ponto de vista de quem, das comunidades ou do promotor?" Revela-se que o ponto de vista das comunidades nunca foi considerado no processo de construção de uma segunda habitação.

Quando esta questão foi colocada aos funcionários da administração local, estes consideraram-se como partes legítimas para tomar a decisão final sem o consentimento da população local. Uma abordagem de laissez-faire ao desenvolvimento da segunda habitação e a falta de qualquer processo de planeamento são condições a ignorar para se chegar a um consenso.

Quando os "públicos" (por exemplo, os membros da comunidade) não estão envolvidos no processo de desenvolvimento, isso cria condições para o domínio do processo por funcionários do governo e máquinas de crescimento ou regimes corporativos (por exemplo, empresas imobiliárias). Esta situação torna o processo de planeamento problemático.

No entanto, o processo de planeamento é uma tarefa importante para as instituições do sector público, pelo que parte do seu esforço assenta na participação pública e no contributo da comunidade como estratégia principal.

Verifica-se que, neste caso, o desenvolvimento da segunda habitação era desejável para os agentes imobiliários e os seus aliados, pois permitia-lhes obter lucros. No entanto, do ponto de vista da população local (que considera estas zonas e regiões turísticas como a sua casa), seria desejável que o desenvolvimento de segundas residências significasse uma melhoria da economia, do desenvolvimento humano, do emprego, da educação e das oportunidades de lazer, da melhoria das infra-estruturas e da proteção ambiental numa plataforma sustentável.

CAPÍTULO 23

Análise SWOT do turismo rural em Suzhou - China
Xue Ming Zhang (2012), no seu estudo, revelou as seguintes conclusões sobre a análise SWOT do turismo rural em Suzhou- China:

21.1. Vantagens do turismo rural
Produtos de turismo rural ricos em recursos e artesanato rural, actividades humanas e cultura popular, e a conceção artística de paisagens rurais (ponte, água, pessoas). Os ricos depósitos culturais, uma cultura com uma longa história (Zhang, 2012).

Excelente posição geográfica
É fácil receber a radiação de uma grande cidade, que dispõe assim de um mercado turístico ativo.

21.2. Desvantagens do turismo rural
- Infra-estruturas obviamente inadequadas. Devido ao tempo relativamente curto para o desenvolvimento do turismo rural e ao investimento de capital insuficiente, existem grandes diferenças entre alguns pontos turísticos rurais em termos de transportes, alojamento, saúde, etc., o que limita o desenvolvimento do turismo rural.

- Fraca consciência de mercado. Embora a escalonamento, a marca e a comercialização do turismo rural sejam predominantes, a maioria dos operadores de turismo rural não tem uma forte consciência de mercado, falta-lhes iniciativas de promoção ativa e participação no marketing coletivo, o que leva à sua baixa quota de mercado (Zhang, 2012).

- Falta de talentos em matéria de planeamento e de gestão. A grave carência de profissionais em matéria de planeamento do turismo rural, de conceção de embalagens e de outros domínios leva a que, em algumas regiões de turismo rural, a configuração seja pouco científica e pouco razoável. A falta de formação dos profissionais do turismo rural resulta em serviços atípicos e na falta de uma visão global e a longo prazo, ou mesmo no aparecimento de fenómenos de importunação e de burla dos clientes.

- Produtos turísticos de baixa qualidade. Os produtos turísticos são muito limitados, e muitos continuam a ser apenas uma visita de passagem, longe de serem suficientes em termos de conteúdo, de exploração da cultura agrícola, de participação, etc.

21.3. Oportunidades do turismo rural
- Orientação positiva e incentivo do governo. No contexto da aceleração da construção de novas zonas rurais, do desenvolvimento vigoroso da indústria de serviços e da aplicação ativa da estratégia de desenvolvimento do turismo global, as oportunidades e os desafios coexistem no desenvolvimento do turismo rural. Devemos transformar ativamente o modo de desenvolvimento, ajustar a estrutura e beneficiar os meios de subsistência das pessoas, tornando-o na indústria pilar mais dinâmica de toda a indústria terciária da cidade (Zhang, 2012).

O desenvolvimento do turismo rural é um novo ato para impulsionar a nova construção rural socialista, e a aceleração da integração das zonas urbanas e rurais é uma nova oportunidade para promover o turismo rural e melhorar a sua qualidade. Através da ciência e tecnologia agrícolas, da cultura mineira, das características regionais, da ecologia verde, da experiência vivida e de outros meios, devemos desenvolver ativamente o turismo rural centrado no lazer, nas férias, nas visitas turísticas, no desporto, nos costumes populares, na alimentação, etc.

- Crescimento vigoroso da procura no mercado.
Com o desenvolvimento da economia, os rendimentos das pessoas continuam a melhorar e as

necessidades dos residentes urbanos em termos de férias de curta duração aumentam rapidamente. Tendo em conta o advento dos caminhos-de-ferro de alta velocidade, que encurtam a distância relativa entre as regiões, a modernização das excursões a leste para os forasteiros e o crescimento acelerado do número de pessoas, o turismo rural enfrenta fortes oportunidades de desenvolvimento. Em condições de tempo e capacidade económica limitados, os passeios tradicionais pela cidade e a apreciação das montanhas e da água estão a atrair menos pessoas. Pelo contrário, o turismo rural não excederá a capacidade económica do público e pode também satisfazer as necessidades de regresso à natureza.

Em comparação com o turismo tradicional, o turismo rural tem uma participação mais forte, o que leva a uma grande redução da atração do público pelo turismo tradicional (Zhang, 2012).

21.4. Ameaças ao turismo rural
- Conflitos entre a cultura tradicional e a cultura moderna. A cultura moderna entrou no período da cultura industrial e da cultura pós-industrial, enquanto a cultura tradicional ainda permanece no período da cultura agrícola. Os dois períodos têm grandes diferenças na vida material, na vida espiritual ou na consciência social, e a mais proeminente e intuitiva é a rica vida material e espiritual no período da cultura modem. Esta é uma tentação irresistível para as pessoas que vivem num ambiente fechado e atrasado, e aqueles que desfrutaram deste tipo de vida não têm o direito de impedir ou restringir as pessoas que estão apenas a abrir as suas visões para perseguir o mundo exterior. Neste estado de anseio de felicidade para o público, muitas culturas tradicionais estão a desaparecer gradualmente por falta de sucessores. O turismo é uma janela de encontro entre uma cultura e outra, e o turismo rural está na vanguarda da interação entre a cultura moderna e a cultura tradicional. Os conflitos entre as duas culturas tornam-se uma grande ameaça para o desenvolvimento do turismo rural (Zhang, 2012).

- Conflitos entre desenvolvimento e proteção. O turismo rural é uma atividade turística que tem a dupla responsabilidade de proteger o ambiente natural e de manter a vida dos agricultores locais, o que coloca a tónica na proteção da produção agrícola, da agricultura ecológica original e dos recursos turísticos naturais, pelo que é também uma atividade turística com desenvolvimento sustentável. No entanto, o desenvolvimento implica uma maior pressão sobre o frágil ambiente ecológico original das zonas rurais. Devido ao desenvolvimento excessivo dos recursos turísticos rurais, à sobrecarga de turistas e ao atraso do conceito de proteção e das medidas conexas, muitos pontos turísticos correm o risco de serem destruídos (Zhang, 2012).

- O fenómeno marcante da concorrência homogénea; a desconexão entre o produto e o mercado. Devido à falta de conhecimentos sobre o desenvolvimento do turismo rural e a conceitos e teorias retrógrados, o turismo rural ainda se encontra numa fase de desenvolvimento extensivo, com um único tipo de produtos. Muitas actividades de turismo rural ainda se limitam ao negócio da comida do campo, o que resulta numa falta de competitividade. Não reconhecemos verdadeiramente a importância do turismo rural e falta-nos a consciência de criar uma marca de turismo rural (Zhang, 2012).

CAPÍTULO 24

Contramedidas para o desenvolvimento do turismo rural - China

A. Estabelecer um sistema de análise ambiental científico e normalizado e tratar corretamente a relação entre ambiente e economia. O ambiente é uma dádiva da natureza e as jazidas culturais são uma dívida dos nossos antepassados. O turismo não deve centrar-se apenas nos benefícios económicos, mas também ter em conta os benefícios ambientais e sociais. Ao mesmo tempo que satisfaz as necessidades da população contemporânea, o turismo não deve prejudicar o desenvolvimento da sua capacidade de satisfazer as suas necessidades de deslocação, e os maiores benefícios devem ser obtidos do turismo à custa de custos ambientais mínimos. Estabelecer um sistema de índices de avaliação da ameaça ambiental potencial com o desenvolvimento sustentável, que possa, num determinado intervalo e em certa medida, refletir as entradas e saídas de materiais e energia no turismo, a capacidade turística e os limites da perturbação ambiental. Se os limites superiores e inferiores forem ultrapassados, podemos alterar e limitar estes indicadores por alguns meios. Por exemplo, podemos limitar o número de turistas e avaliar a capacidade turística óptima e a capacidade turística máxima por dia num ponto turístico (Zhang, 2012).

B. Reforçar as infra-estruturas rurais e a construção ambiental, o que constitui uma segurança para o desenvolvimento do turismo rural. As aldeias e a agricultura atrasadas são o resultado de infra-estruturas deficientes. Entretanto, devido ao tempo relativamente curto para o desenvolvimento do turismo rural e ao investimento de capital insuficiente, existem grandes diferenças entre alguns pontos turísticos rurais em termos de transportes, alojamento, saúde, etc., o que limita o desenvolvimento do turismo rural (Zhang, 2012).

C. Tornar claro o mecanismo de distribuição dos lucros e melhorar as iniciativas dos agricultores para desenvolver o turismo rural. No turismo rural, uma medida importante para proteger as tradições locais é ter plenamente em conta os interesses dos agricultores locais. Está longe de ser suficiente que apenas uma empresa de turismo faça fortuna, pelo que temos de permitir que todas as pessoas participem e que os agricultores adquiram riqueza com o desenvolvimento do turismo, para que possam ter a iniciativa de proteger a sua própria cultura. A chave para o desenvolvimento sustentável do turismo rural reside na compreensão da população local sobre os valores da sua cultura, que deve tornar-se o herdeiro ativo e o protetor da sua própria cultura. Para o conseguir, o primeiro passo é permitir que a população local obtenha benefícios da utilização dos seus próprios recursos culturais e, em seguida, através da educação e formação, permitir que se tornem a parte principal no desenvolvimento do turismo local (Zhang, 2012).

D. Prestar atenção à segmentação do mercado, promover a sua própria marca e otimizar as rotas turísticas. Realizar uma série de actividades de festivais folclóricos para a promoção da marca do turismo rural. Compreender as características do turismo rural e planear e conceber os itinerários de viagem da marca orientados para os turistas dentro ou fora da região administrativa. Ultrapassar as fronteiras das regiões e das indústrias, para reunir várias atracções turísticas de marca e associá-las aos locais cénicos relacionados, de modo a permitir que os turistas experimentem o encanto único do turismo rural, tanto quanto possível (Zhang, 2012).

E. Melhorar a formação de talentos e reforçar os seus serviços. Alargar ao turismo rural os conceitos e requisitos de serviço dos hotéis com classificação de estrelas. Estabelecer graus e normas para o "prazer na quinta", tais como o estilo arquitetónico, as características alimentares, o alojamento, os requisitos de saúde, a conveniência da viagem e a segurança, de modo a implementar serviços de qualidade. Por outro lado, melhorar a formação de competências de serviço para os empregados, e realizar de forma incisiva formações de competências, tais como competências de serviço, consciência de serviço, filosofia de funcionamento, serviços de quarto, serviços de comida e bebida, palavras de cortesia, decoro, saneamento alimentar e precauções de segurança, que podem melhorar a competência profissional dos empregados no turismo rural (Zhang, 2012).

F. Defender o consumo ecológico dos turistas. O consumo ecológico é uma melhoria global dos seus gostos de consumo e dos seus níveis espirituais e culturais, e é uma manifestação concreta da aplicação do conceito de turismo sustentável. Devemos tomar medidas eficazes para orientar os turistas para o consumo ecológico e promovê-los a tornarem-se turistas responsáveis. Com base nos impactos negativos mínimos da economia do turismo, da sociedade e do ambiente ecológico, devemos tentar alcançar uma sensação de turistas de alta qualidade, o que é de grande importância para promover o desenvolvimento sustentável do turismo rural (Zhang, 2012).

Em suma, para a agricultura, o turismo rural contribui para promover a adaptação da estrutura agrícola, atrair o fluxo de pessoas, a logística, o fluxo de capitais e o fluxo de informações, quebrar a estrutura dualista urbana e rural, abrir os horizontes dos agricultores, atualizar as suas ideias, alargar o seu emprego e aumentar os seus rendimentos. Para a indústria do turismo, o turismo rural ajuda a enriquecer e a desenvolver o conceito de turismo urbano, a alargar os produtos turísticos, a contribuir para a interação entre as zonas urbanas e rurais, a melhorar os efeitos secundários do desenvolvimento turístico e a satisfazer as exigências dos consumidores da maioria dos turistas. Por conseguinte, o desenvolvimento do turismo rural pode enriquecer, inovar e otimizar a estrutura dos produtos turísticos, adaptar-se ao desenvolvimento personalizado do turismo, bem como ajudar a satisfazer as diversas necessidades dos turistas, abrir o mercado turístico potencial e desenvolver novos pontos incrementais da economia do turismo. Entretanto, o turismo rural é muito importante para melhorar a economia colectiva rural, embelezar a aparência rural, reforçar a construção da civilização rural, aumentar os seus rendimentos, reduzir o fosso urbano-rural e construir uma sociedade harmoniosa, de modo a explorar um novo caminho para o desenvolvimento do turismo rural, no qual o turismo é levado a ajudar a agricultura, prosperar a agricultura e trazer riqueza para a agricultura, e o turismo e a agricultura interagem entre si (Zhang, 2012).

CAPÍTULO 25

Discussão, conclusões e recomendações

No que diz respeito ao conceito de desenvolvimento sustentável, que visa combinar ação e conhecimento para o bem-estar das pessoas nestas áreas e regiões turísticas e do seu ambiente único, que está ameaçado pela ausência de "sabedoria prática". No entanto, com o atual quadro de desenvolvimento de segunda residência, não há compromisso com o desenvolvimento sustentável (Alipour, et al., Esta forma de turismo tornou-se o principal meio de acumulação de lucros por parte das empresas imobiliárias à custa da perda de viabilidade dos recursos naturais a longo prazo. O turismo de segunda residência tem sido objeto de estudo por parte de investigadores de diferentes áreas, como a geografia, o turismo, o planeamento, a economia e a sociologia, ao longo das últimas três décadas (Asgary, e et al. A crescente acessibilidade e mobilidade e os elevados níveis de lazer associados às segundas residências têm contribuído significativamente para o crescente interesse e importância deste tipo de turismo e linha de investigação. Nos países em desenvolvimento, onde as grandes cidades enfrentam grandes problemas socioeconómicos e ambientais, as segundas residências desempenham um papel fundamental na decisão dos residentes mais abastados de construir ou comprar segundas residências em zonas rurais para fins-de-semana, feriados e férias de verão. Embora esta pareça ser uma escolha racional e razoável para os proprietários e utilizadores de segundas residências, o desenvolvimento de segundas residências e as utilizações associadas têm vários impactos nas comunidades locais e rurais, pelo que o Desenvolvimento do Turismo exige que os pedidos de planeamento de empreendimentos desta natureza demonstrem que o empreendimento prevê a sua utilização durante todo o ano.

Qualquer projeto de turismo residencial deve demonstrar que

- Não entra em conflito com a manutenção do património natural e cultural da zona;

- Está localizado dentro ou adjacente a um nó de povoamento estabelecido, em terrenos com zonas turísticas ou em associação com um IRTRC ou uma instalação turística viável; ou desenvolvimento turístico de média dimensão.

- Reforça a oferta de instalações turísticas não residenciais no município, quer através da integração com instalações já existentes, quer através da criação de novas instalações; e

- Minimiza a necessidade de deslocações adicionais de veículos de/para as instalações para visitantes nas imediações.

Alguns empreendimentos turísticos podem necessitar de outras localizações, pelo que será considerada a possibilidade de criação de complexos integrados de turismo rural e de recreio e de empreendimentos de média dimensão em locais apropriados em todo o território do condado. Isto é particularmente verdade nas zonas rurais onde as oportunidades de emprego estão a diminuir e os níveis de emprego tradicionais na agricultura estão em declínio. O turismo residencial é frequentemente um bode expiatório visível e conveniente para causas menos tangíveis de mudança ou declínio rural, incluindo a política de habitação. No debate público sobre a habitação em zonas periurbanas, costeiras e de montanha, os proprietários de segundas residências são frequentemente apontados como detentores de valores estranhos que não se adequam à comunidade rural local. O paradoxo é evidente no facto de algumas comunidades locais lutarem para sobreviver, mas verem os forasteiros como uma ameaça à preservação da comunidade "tradicional". No entanto, a disponibilidade de terrenos continua a ser um fator significativo na seleção de locais para a segunda habitação, tal como acontece com qualquer forma de habitação ou de alojamento turístico, uma vez que os regulamentos de ordenamento do território podem limitar a dimensão mínima das secções de terreno que podem ser vendidas, contribuindo assim para o valor de escassez dos locais desejados para a segunda habitação. Os controlos da utilização dos terrenos desempenham, por conseguinte, um papel significativo na influência dos valores dos terrenos e do parque habitacional e, dependendo do sistema de classificação ou fiscal local, podem mesmo ser manipulados de modo a maximizar as taxas de retorno dos empreendimentos de alojamento habitacional e/ou comercial. As medidas regulamentares são frequentemente justificadas pelas autarquias locais com base na proteção da paisagem ou do ambiente ou, no caso da regulamentação do alojamento, na saúde e segurança. No entanto, um dos efeitos não intencionais significativos da regulamentação do desenvolvimento nas zonas periurbanas e, em certa medida, nas regiões periféricas, é o desenvolvimento de uma economia de alojamento "cinzenta" substancial que existe fora de muitas estruturas e redes formais da indústria do turismo, em que as segundas habitações podem estar disponíveis para aluguer ou as casas particulares funcionam como alojamento de alojamento e pequeno-almoço ou alojamento em casa de família numa base relativamente informal, ou seja Embora um grande número de cidades e aldeias nestas zonas e regiões turísticas e no seu ambiente único, e cada vez mais no interior do Irão, tenham crescido significativamente em resultado do desenvolvimento das segundas residências, muito pouca investigação foi feita sobre este fenómeno no Irão. O reconhecimento do impacto que as segundas residências têm nas comunidades de acolhimento começou recentemente a chamar a atenção ao mais alto nível do planeamento e da elaboração de políticas no Irão. Existe um interesse crescente por parte dos planeadores e dos decisores políticos em controlar e gerir este crescimento através da imposição de vários controlos de desenvolvimento (Golmohammadi, 2013). Como já foi referido, os esforços desenvolvidos no desenvolvimento da habitação rural não consideraram todos os aspectos relacionados com o desenvolvimento da habitação nas zonas rurais do Irão. O resultado desta medida foi a verificação dos factores que influenciam o processo de desenvolvimento e a avaliação desta tendência. No futuro, será possível seguir dois passos:

- Apresentação de um método para a seleção de uma alternativa adequada de habitação rural no Irão.

- A avaliação da alternativa proposta permitiu definir a metodologia de seleção adequada para o desenvolvimento da habitação rural (Raheb e Alalhesabi. 2008) & (Golmohammadi, 2013).

As sugestões que se seguem são apresentadas como o papel efetivo do turismo de habitação secundária na qualidade de vida dos residentes locais nestas regiões e zonas turísticas rurais do Irão:

- Gerir o crescimento e a expansão do turismo de segunda residência e evitar a sua promoção não planeada;

- Coordenação das agências locais e das agências executivas no desenvolvimento do turismo de segunda habitação;

- Preparação de cursos de formação (especialmente através dos meios de comunicação social) para reforçar a cultura das pessoas e incentivá-las no domínio do turismo rural;

- Participação das pessoas e das comunidades locais no desenvolvimento do turismo de habitação secundária;

- Gestão dos impactos turísticos;

- Monitorização dos impactos turísticos; e

- Desenvolvimento do Complexo Integrado de Turismo Rural e de Recreio (IRTRC) perto de regiões turísticas adequadas até que a maioria das pessoas possa ter acesso a eles e deles tirar proveito.

Apêndices

A. Destruição de segundas habitações ilegais na província de Khorasan do Sul

Números. 200 - 206. Destruição e selagem de algumas segundas habitações ilegais que foram construídas nas regiões rurais da província de Khorasan do Sul em terras agrícolas e de recursos naturais (montanhas, colinas, etc.) sem obter autorização legal do governador local e de organizações, através da legislação local relacionada e de organizações governamentais e do poder policial (Gabinete de Assuntos de Terras Agrícolas. Organização Jihad-Agricultura da província de Khorasan do Sul, Irão. 2017).

B. Estabelecimento de locais religiosos (mesquitas) em zonas rurais ao lado de atracções turísticas

Números. 207 - 209. Estabelecimento de locais religiosos (mesquitas) em zonas rurais ao lado de atracções turísticas, para além do famoso rio Zayandehrood e da ponte histórica de Polezamankhan, e a 60 km de Shahrekord, centro da província de Chaharmahal e Bakhtiari, no sudoeste do Irão. Estabelecido durante a última década (Autor. verão de 2013).

Números. 210 - 221. Estabelecimento de locais religiosos (mesquitas) em zonas rurais ao lado de atracções turísticas na aldeia de Mahmoud Abad - 35 Kms. de distância da cidade de Biijand, centro da província de Khorasan do Sul, a leste do Irão. Por pessoas de aldeias ricas e poderosas que vivem e comercializam em regiões urbanas e estabeleceram as suas segundas casas nas suas aldeias parentais. (Fotos do autor - outono de 2015).

C. Estabelecimento de instalações e possibilidades residenciais, recreativas, lúdicas, desportivas e de alimentação num Complexo Integrado de Turismo Rural e de Recreio (IRTRC)

08/05/2013 12:13

Alireza
RAMAND
MDF MDF
08/05/2013 13:10

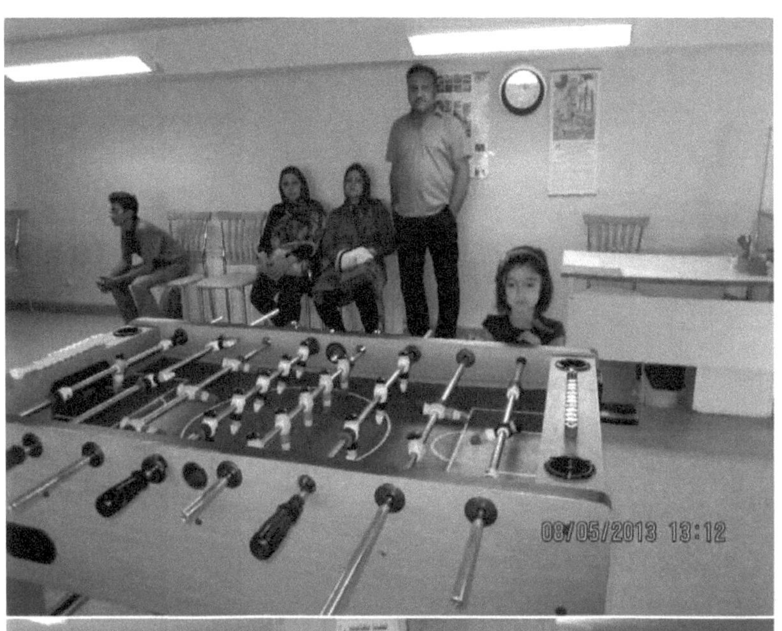

Números. 222 - 238. Estabelecimento de um Complexo Integrado de Turismo Rural e Recreativo (IRTRC) perto do lago de Choghakhor e a 100 km de Shahrekord, centro da província de Chaharmahal e Bakhtiari, no sudoeste do Irão. Foi criado durante a última década. Além disso, dispõe de instalações e possibilidades residenciais, recreativas, lúdicas, desportivas e de alimentação (por autor, agosto de 2013).

D. Segundas casas e turismo rural, agro e ecológico, em aldeias e atracções naturais como rios, montanhas, jardins e quintas, província de Isfahan, centro do Irão (2016).

Números. 239 - 259. Estabelecimento de segundas habitações nas colinas e ao lado de quintas de arroz e junto ao rio Zayandehrood, no centro do Irão. Além disso, o aumento do número total de turistas, especialmente raparigas, mulheres e suas famílias, como turistas rurais, agrícolas e ecológicos, devido ao aumento da segurança social e à disponibilização de infra-estruturas como estradas rurais, eletricidade, etc., nas aldeias e atracções naturais como rios, montanhas, jardins e jardins. - em aldeias e atracções naturais, como rios, montanhas, jardins e quintas, a uma distância de 10-80 km da cidade de Isfahan e ao lado deste rio, e da histórica e famosa montanha de Sofeh', além de uma multidão de carros de turistas, no centro do Irão (agosto e setembro de 2016).

E. Segundas casas e turismo rural, agro e ecológico, em aldeias e atracções naturais como grutas, montanhas, jardins, etc. Província de Kermanshah, oeste do Irão (2017).

غار قوری قلعه
The Qoori Qaleh Cave

Números. 260 - 271. Estabelecimento de segundas habitações nas colinas e para além da gruta Qoori Qaleh na província de Kermanshah, a oeste do Irão. Para além disso, há povos nómadas, mercados locais e tradicionais e atracções naturais como montanhas, jardins, etc. (primavera de 2017).

E. Turismo rural, agro e ecológico, em aldeias e atracções naturais como montanhas, jardins, etc. Província de Ardebil, Noroeste do Irão (verão de 2017).

CALM
IM
QUEEN
↓
ملکه زیباتر
نمایان
است
ملکه زیباتر
نمایان است
QUEEN
↓
لوح تقدیر
بهره ور نمونه
کشور
در سال ۹۵
مراسم انتخاب زنبور دار نمونه استان از مشگین شهر

Números. 272 - 278. Turismo rural, agro e ecológico, em aldeias e atracções naturais como montanhas, jardins, etc. Província de Ardabil, Noroeste do Irão. Além disso, uma ponte modulada em consola, criada há quatro anos para absorver os turistas nas montanhas da cidade de Meshkinshahr, e um complexo para jogos e actividades recreativas por detrás desta ponte. E ainda uma loja de mel na famosa aldeia turística de Sarein, nesta província (verão de 2017).

F. Criação de um complexo recreativo na universidade de Zahedan, província de Sistan e Balouchestan, Sudeste do Irão (2010).

Números. 279 - 280. O autor com os seus filhos numa conferência nacional na universidade de Zahedan e no seu complexo recreativo, província de Sistan e Balouchestan, Sudeste do Irão (inverno de 2010).

G. Rural, agro e eco-turismo, na aldeia de Asalem, Norte do Irão (verão de 2017).

151

Números. 281 - 289. Rural, agro e eco-turismo, na aldeia de Asalem - 480 Kms de distância de Teerão - província de Guilan, Norte do Irão. (verão de 2017).

H. Fotografias diversas de locais turísticos no Irão (rurais, históricos, etc.) (2010 - 2017).

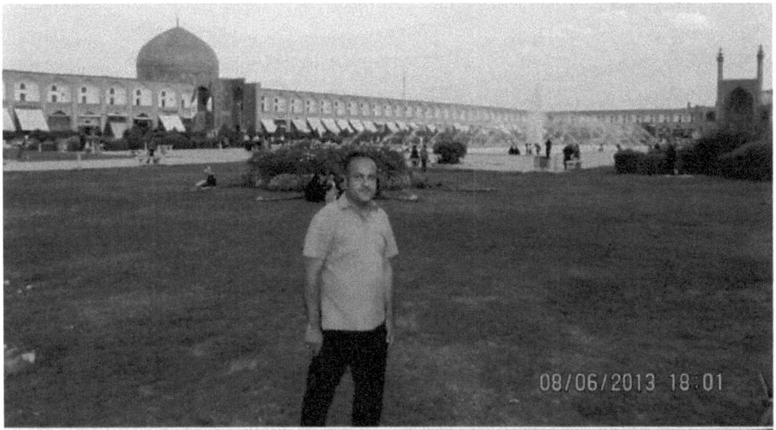
08/06/2013 18:01

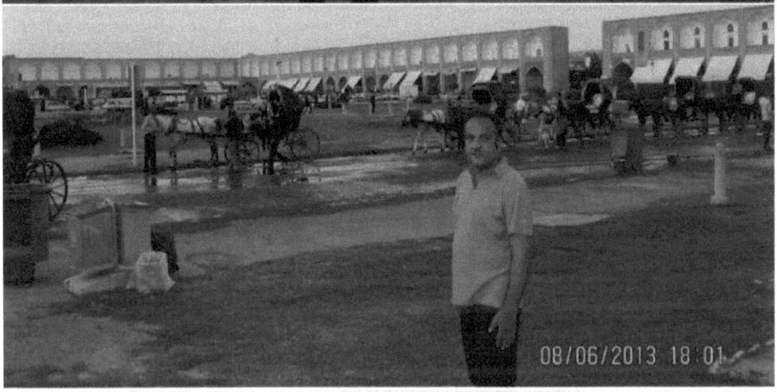
08/06/2013 18:01

08/06/2013 18:00

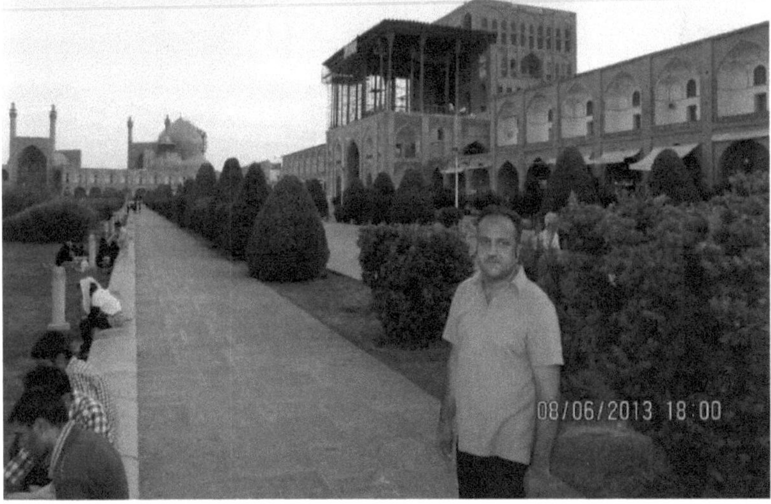

156

Números. 290 - 332. Fotografias diversas de locais turísticos em várias partes - Norte, Sul, Oeste e Este - do Irão (rurais, históricas, etc.) (2010 - 2017).

Referências

1. Administração de estradas e habitações da província de Khorasan do Sul, a leste do Irão. (2016). *Relatórios anuais de 2000-2015.*

2. Afrakhteh, H. (2006). Os problemas do desenvolvimento regional e das cidades fronteiriças: Um estudo de caso de Zahedan, Irão. Cities, Vol. 23, No. 6, p. 423-432, 2006. doi:10.1016/j.cities.2006.08.004

162

3. AKPINAR, N., TALAYCOS, I., CEYLAN, K., & GUNDUZ, S. (2004). AS MULHERES RURAIS E O AGROTURISMO NO CONTEXTO DO DESENVOLVIMENTO RURAL SUSTENTÁVEL: A CASE STUDY FROM TURKEY. *Kluwer Journal 6: 473-486, 2004.* © *2004 Kluwer Academic Publishers. Impresso nos Países Baixos.*

4. Alipour, H., Olya, H. G. T., Hassanzadeh, B., & Rezapouraghdam, H. (2017). Impacto e governação do turismo de segunda residência: Evidências da região do Mar Cáspio do Irão. *Ocean & Coastal Management 136(2017) 165-176.*

5. Alitajer, S., & Nojoumi, G. M. (2016). Privacy athome:Análise de padrões comportamentais na configuração espacial de casas tradicionais e modem na cidade de Hamedan com base na noção de sintaxe espacial *Frontiers of Architectural Research (2016) 5, 341-352.*

6. Amiriparyan, P., & Kiani, Z. (2016). Analisando a natureza homogénea da estrutura do pátio central na formação de casas tradicionais iranianas. *Procedia - Ciências Sociais e Comportamentais 216 (2016) 905 - 915.*

7. Andrews, F. e Withey, S. (1976). Social Indicators of Well-being, American's Perceptions of Life Quality. NY: Plenum Press.

8. Asgary, A. Rezvani, M. R. e Mehregan, N. (primavera de 2011). Local Residents' Preferences for Second Home Tourism Development Policies: A Choice Experiment Analysis. MPRA Paper No. 29703, publicado em 18. março 2011 / 20:32. TOURISMOS: UMA REVISTA INTERNACIONAL MULTIDISCIPLINAR DE TURISMO . Volume 6, Número 1, primavera 2011, pp. 31-51 UDC: 338.48+640(050) . Universidade do Egeu. ISSN impresso: 1790-8418, ISSN em linha: 1792-6521. Em linha em: http://mpra.ub.uni-muenchen.de/29703/

9. Baboli, F. B. M., Ibrahim, N., & Sharif, D. M. (2015). Características de design e papel adaptativo das casas tradicionais do pátio no clima moderado do Irão. *Procedia - Ciências Sociais e Comportamentais 201 (2015) 213 - 223.*

10. Bureau of Farming lands Affairs. (2017). Organização da Jihad-Agricultura da província de Khorasan do Sul, Irão.

11. Dennis M. Brown. 2002. Rural Tourism: An Annotated Bibliography [Turismo Rural: Uma Bibliografia Anotada]. Regional Economist Economic Research Service U.S. Dept. of Agriculture 1800 M St., N.W. Room N2187 Department of Agriculture.Washington, DC 20036

12. Eftekhari, A.R., Fatahi, A e Hajipoor, M. (2001). Spatial Distribution Assessment Quality of Life in rural Area, Journal of Rural Research, Vol.6, pp69-94.

13. Eftekhari, A.R. & Mahdavi, D. (2006). Rural Tourism Development Strategies Using the SWOT Model Lavasanat Small Municipalities, Modarres Quarterly Humanities, Volume 10, No. 2, pp. 1-30.

14. Golmohammadi, F. (2013). Estudo dos efeitos das segundas casas e do turismo rural no desenvolvimento sustentável no Irão. *Revista Técnica de Engenharia e Ciências Aplicadas, Disponível online em www.tjeas.com ©2013 TJEAS Journal-2013-3-16/1919-1953 ISSN 20510853 202013 TJEAS.*

15. Golmohammadi, F. (2017). Participação para o desenvolvimento rural sustentável no Irão. LAP Lambert Academic Publishing, Alemanha. ISBN-13: 978-3330324428 ISBN-10: 3330324422 A versão em linha está disponível em: www.amazon.com & www.lap-publishing.com

16. Golmohammadi, F. (2012). Sustainable agriculture and rural development in Iran, Some modem issues in sustainable agriculture and rural development in Iran. LAP Lambert Academic

Publishing (2012-06-27). Alemanha. ISBN-13: 978-3-659-13092-2 . LAP LAMBERT Academic Publishing GmbH & Co. KG. 2012. A versão em linha está disponível em: https://www.lap-ublishing.com/catalog/details//store/gb/book/978-3-659-13092-2/sustainable-   agriculture-and-rural-development-in-iran

17. Golmohammadi, F. (2010 a 2017). Participação do autor e observações em aldeias seleccionadas e típicas para segundas habitações e turismo rural na província de Khorasan do Sul - leste do Irão.

18. Khajehzadeh, I., Vale, B., & Yavari, F. (2016). Comparação do uso tradicional de casas de tribunal em duas cidades *International Journal of Sustainable Built Environment (2016) 5, 470-483.*

19. Mahdavi, M. Ghadiri M. M. e Ghahramani, N. (2008). The Affects of Tourism on Rural Development with Looking at Suleghan & Kan Valley Villagers, Village and Development Quarterly, Volume 11, n.º 2, pp. 39-60.

20. Mahdavi, M., Ghadiri, M. M. & Sanaee,M. (2008). The Role and Impact of Secondary Houses on Economical and Social Structure of Kelardasht, Human Geography Research Quarterly, No.65,pp. 19-52.

21. Michael Hall, C. (N.D). TURISMO RURAL SUSTENTÁVEL: DESENVOLVIMENTO E QUESTÕES. Departamento de Gestão, Universidade de Canterbury, Christchurch; Docente, Departamento de Geografia, Universidade de Oulu, Finlândia.

22. Muller DK, Hall CM, Keen D. 2004. Second Home Tourism Impact, Planning and Management. Em C.M. Hall e D.K. Muller (Eds.) Tourism, Mobility and Second Homes: Between Elite Landscape and Common Ground, pp. 15-32. Clevedon: Channel View.

23. Novzari S. 2007. The Role of Second Homes in Change of Land-use and Economic Development at Kordan Village, dissertação de mestrado, Universidade de Teerão.

24. Park M. 2009. Social disruption theory and crime in rural communities: Comparisons across three levels of tourism growth, Tourism Management 30, pp. 905-915.

25. Portaheri M, Eftekhari AR, Fatahi A. 2001. Assessment Quality of life in Rural Area (Case study: Northern Khaveh Village, Lorestan Province), Human Geography Research Quarterly, No.76, pp. 13-32.

26. Raheb G, Alalhesabi M. 21-23 de novembro de 2008. Verificação e Avaliação dos Factores Críticos para a Construção de Habitações Rurais com base na cultura vernácula do Irão. CONFERÊNCIA INTERNACIONAL SOBRE PROJECTOS DE CONSTRUÇÃO MULTINACIONAIS "Assegurar um elevado desempenho através da consciência cultural e da prevenção de litígios "SHANGHAI, CHINA.

27. Rezvani MR, Badri SA, Sepahvand F, Akbarian Roonizi SR. verão de 2012. Os efeitos do turismo de segunda residência na melhoria da qualidade de vida dos residentes rurais (Caso: Roudbar-e Qasran District Shemiranat County). Revista de Estudos e Investigação Regional Urbana, 4º ano, nº 13, verão de 2012. Revista URS. Resumo em inglês disponível online: www.SID.ir

28. Rezvani MR, Safaei J. 2005. Tourism and Its Effects on Second Homes in Rural Areas: Opportunity or Threat, Geographical Research Quarterly, No. 54, pp. 121-109.

29. Rezvani MR, Safaie J. 2004. Second Home Tourism and Impact on Rural Area, Researches in Geography, No, 54, PP: 109-121.

30. Rezvani MR. 2003. Analysis and Development Process to Create the Second Homes in Rural Areas North of Tehran, Geographical Research Quarterly, No. 45, pp. 73-59.

31. Rezvani MR. 2003. Analysis on the Creation and Spread of Second Homes in Rural Areas, Research in Geography, No.45, pp.59-73.

32. Rezvani MR. 2008. Rural Tourism Development (Sustainable Tourism Approach), Tehran University Publications.

33. Rezvani, M.R. 2008. Rural Tourism Development (Sustainable Tourism Approach), Vol.l, University of Tehran Publication, Tehran, Iran.

34. Salehi nasab, Z. 2005. Second Home and Impact on Rural area Case study: Roodbar Ghasran, Tese de Mestrado, Universidade de Teerão. Teerão, Irão.

35. Seidaiy SE, Khosravi Nezhad M, Kiani S. 2010. O efeito das segundas residências no desenvolvimento da região de Baghbahadoran, n.º 4, pp. 19-36.

36. Shahidi MSH, Ardestani ZS, Gudarzi Surush MM. 2009. The Survey of Tourism Affects in Rural Area Planning, Human Geographical Research Quarterly, No. 67, pp: 99-113.

37. Sharpley R. 2001. Rural Tourism, traduzido para persa por: R. Monshizadeh, & F. Nasiri, Vol.l, Monshi Publication, Tehran. Teerão, Irão.

38. Soflaei, F., Shokouhian, M., & Zhu, W. (2017). Sustentabilidade socioambiental em casas tradicionais de pátio do Irão e da China. *Renewable and Sustainable Energy Reviews 69 (2017) 1147-1169.*

39. Soleymanpour, R., Parsaee, N., & Banaei, M. (2015). Comparação do conforto climático de casas vernaculares e contemporâneas do Irão. *Procedia - Ciências Sociais e Comportamentais 201 (2015) 49 - 61.*

40. Centro de Estatística do Irão. 2016. Identificar as aldeias da província de Khorasan do Sul, a leste do Irão.

41. Associação do sector das viagens da América. 2012. Disponível em linha através dos resultados da pesquisa em: www.google.com

42. Plano de Desenvolvimento do Condado de Waterford. 18 de dezembro de 2007. Complexos integrados de turismo rural e de recreio. Apêndice A7 do documento de política sobre turismo rural e complexos recreativos e desenvolvimento residencial associado. A política IRTRC foi adoptada em 18 de dezembro de 2007 como uma alteração ao Plano de Desenvolvimento do Condado de Waterford 2005-2011. Está incorporada no Plano de Desenvolvimento do Condado 2011-2017. Disponível em linha através dos resultados da pesquisa em: www.google.com

43. Ziaei M, Salehynasab Z. 2008. Diversity Tourists of Second Homes and Structural Effects of Their on Rural Areas, Human Geographical Research Quarterly, No. 66, pp: 84-71.

44. Zhang, X. M. (2012). Pesquisa sobre as estratégias de desenvolvimento do turismo rural em Suzhou com base na análise SWOT. *Energy Procedia 16 (2012) 1295 - 1299.*

45. Zolfani, S. H., & Zavadskas, E. K. (2013). Desenvolvimento sustentável das estruturas de construção das zonas rurais com base no clima local. *Procedia Engineering 57 (2013) 1295 - 1301.*

Printed by Books on Demand GmbH, Norderstedt / Germany